与内心的恐惧对话
——摆脱来自亲人的负能量

[美]保罗·梅森　[美]兰迪·克莱格◎著

李寒◎译

图书在版编目 (CIP) 数据

与内心的恐惧对话：摆脱来自亲人的负能量 /（美）保罗·梅森,（美）兰迪·克莱格著；李寒译. -- 北京：北京联合出版公司, 2020.1(2022.4 重印)
 ISBN 978-7-5596-3527-3

Ⅰ.①与… Ⅱ.①保… ②兰… ③李… Ⅲ.①恐惧－自我控制－通俗读物 Ⅳ.① B842.6-49

中国版本图书馆 CIP 数据核字（2019）第 263035 号

Stop Walking on Eggshells, 2nd ed. by Paul T. Mason & Randi Kreger
© 2010 by Kimberlee Roth & Freda B. Friedman
This edition arranged with New Harbinger Publications
through Big Apple Agency, Inc., Labuan, Malaysia
Simplified Chinese translation © 2019 by YoYoYo iDearBook Company

与内心的恐惧对话：摆脱来自亲人的负能量

作　者：[美] 保罗·梅森　[美] 兰迪·克莱格
译　者：李　寒
责任编辑：牛炜征
特约编辑：陈小齐
选题策划：双又文化

北京联合出版公司出版
（北京市西城区德外大街 83 号楼 9 层　100088）
北京联合天畅文化传播公司发行
北京美图印务有限公司印刷　新华书店经销
字数 254 千字　787 毫米 ×1092 毫米　1/32　13 印张
2020 年 1 月第 1 版　2022 年 4 月第 6 次印刷
ISBN 978-7-5596-3527-3
定　价：48.00 元

版权所有，侵权必究
未经许可，不得以任何方式复制或抄袭本书部分或全部内容
本书若有质量问题，请与本公司图书销售中心联系调换。
电话：（010）64258472—800

名人推荐

《与内心的恐惧对话：摆脱来自亲人的负能量》完美地实现了它的目的，对于那些与边缘性人格障碍患者关系亲密的人来说，这本书能够帮他们重获新生。该书内容丰富翔实，指导人们理解什么是边缘性人格障碍行为，这些令人困扰的行为会对人们的亲密关系产生怎样的负面影响，其他人面对这些行为时会如何反应，并且指导人们学会如何应对。读者们会发现这本书大有助益。

——尼娜·布朗

教育学博士、大学教授、著名学者、《自私的父母》作者

我遇到过很多客户，他们都有患上边缘性人格障碍的亲友，这本书绝对是适合他们的行动指南。本书通俗易懂，深入浅出，在提出实用建议的同时，还照顾到了读者敏感的情绪，做到一种完美的平衡。本书帮人们正确地认识、理解和应对这种复杂的、容易被误解的人格障碍，从而让很多人从无所适从、孤立无援的困境中走了出来。

——丹尼尔·马蒂拉

神学硕士、社会工作者

这本书恰好满足了当前社会的迫切需要——美国国立卫生研究院的研究表明，普通人中大约有 6% 会患上边缘性人格障碍。经常会有一些家庭向我索要有关边缘性人格障碍的资料，而几乎每一次我都会推荐《与内心的恐惧对话：摆脱来自亲人的负能量》这本书。本书的第二版真的是非常通俗易懂，加入了更多有用的小技巧，去帮助那些面对困境的家庭。

——比尔·埃迪

《法律争端与分离中的高冲突人群》作者

　　真是太不可思议了，《与内心的恐惧对话：摆脱来自亲人的负能量》不仅教会读者如何识别边缘性人格障碍的特征，还告诉读者，他们可以基于自己所想所需来选择自己想要的生活与亲密关系，而不是在疾病的控制下做出选择。

——朱莉·法斯特

《爱上一个躁郁症患者》作者

　　系好你的安全带，今晚的路不好走。

——贝蒂·戴维斯

　　对于在和其他人的互动中发生的一切，无论我们感到多么困惑，如何自我怀疑，怎样矛盾，都永远不会压抑自己内心那个诉说真相的声音。我们也许不喜欢听到真相，只让这声音在我们的意识之外喁喁呢喃，却不肯驻足聆听。但当我们注意到这一点时，它就会让我们更睿智、健康、明晰。正是这个声音守护着我们的完整。

——苏珊·福沃德博士

本书写给

　　那些生活受到边缘性人格障碍影响的孩子、年轻人和老年人。

以及

　　我们的老师们,也就是那许许多多为我们讲述他们的故事、分享他们的泪水、表达他们的见解的人。

　　是你们让这本书得以问世。

英文版出版声明

我们已经谨慎确认书中涉及的相关资料的准确性，并且按照惯例进行描述。不过，作者、编辑以及出版人将不会为误差、疏漏或者任何由于应用了本书中相关信息而产生的后果负责，不做任何保证、明示或者暗示。我们尊重出版物的内容本身。

作者、编辑及出版人尽最大努力确保在本书出版之时，书中提及的任何药品的选择与剂量都符合惯例，是经过实践证明的。但是，鉴于不断进步的科学研究、政府规章制度的变化以及药物治疗和药物反应相关信息的更动，我们建议读者核查每一种药物的使用说明书，以明了任何症状与剂量的变化、风险提示和预防措施。当书中推荐的药物为新药或者非常用药物时，这一点尤为重要。

本书中出现的一些药物和医疗设备也许按照食品与药物管理局（FDA）的规定，仅限于在某些特定的研究机构中小范围使用。这也是医疗服务人员的责任，读者须查明每一种药物和医疗设备在临床实践中的既定用途是否符合食品与药物管理局的规定。

目录

前言 / 1

引言 亲密的陌生人：本书是怎么问世的 / 4

【译者注】 奥兹国的隐含意义 / 11

第一部分 认识边缘性人格障碍行为

第 1 章 在蛋壳上行走：你关爱的人是否罹患边缘性
人格障碍 / 3

第 2 章 边缘性人格者的内心世界：定义边缘性
人格障碍 / 23

第 3 章 了解混乱：认识边缘性人格障碍的行为 / 63

第 4 章 高压锅中的生活：边缘性人格障碍行为如何
影响非边缘性人格者 / 91

第二部分 重新掌控你的生活

第 5 章 从内心开始改变 / 115

第 6 章 认识你的处境：设置界限，磨炼技巧 / 151

第 7 章　自信而清晰地申明你的需求 / 189

第 8 章　制订安全计划 / 227

第 9 章　保护孩子不受边缘性人格障碍行为的影响 / 255

第三部分　特殊情况特殊对待

第 10 章　等待另一只靴子落地：你的边缘性人格子女 / 289

第 11 章　谎言，谣言与谴责：歪曲事实的行为 / 311

第 12 章　近况如何？对你们的亲密关系做出诊断 / 329

附录 A　边缘性人格障碍的成因与治疗 / 348

附录 B　修习正念 / 356

附录 C　阅读资源 / 361

致谢 1　兰迪·克莱格 / 379

致谢 2　保罗·梅森 / 383

参考文献 / 385

前言

《与内心的恐惧对话：摆脱来自亲人的负能量》第一版从1998年出版至今（2010年）发行量已超过40万册。按照它的销售速度，超过50万册指日可待。不仅如此，本书还被翻译成了多种语言，多到我自己都不清楚有哪些了。（编者按：根据美国出版社提供的数据，截至2018年底，英文第一版和第二版的销量总和已超过100万册。）

当年保罗·梅森和我撰写本书的时候，得竭尽全力才能为有需要的人们找到一些有用的信息。只有少数人曾经在"美国在线"上和一个私人性的聊天群组中谈到过边缘性人格障碍。我们也仅仅找到了两本针对大众读者的相关图书。但现在，互联网上充斥着丰富的信息，关于边缘性人格障碍的主流书籍也许能够塞满一整个书架，这还没有算上正在与这种心理障碍做斗争的患者或者亲友们自行出版的全部图书和电子图书呢。

到底发生了什么？很多事情。现代的研究者们能够扫描人类的大脑，并且真实地观察到正常人类与罹患边缘性人格障碍的患者之间的脑部差异。新的药物不断涌现，研究不断地提供数据，来解释边缘性人格障碍患者的思维、感觉和行为的成因。有远见的临床心理医生们研发的新方法已经初见成效。支持者们也成立了自己的组织，开始争取更多的关注与研究经费。

但这还不是全部。《与内心的恐惧对话：摆脱来自亲人的负能量》、我的个人网站和"欢迎来到奥兹国"（Welcome to Oz online）网络社区一起形成了一股有生力量，提高了大众对边缘性人格障碍的认识。读者们可以上网并通过网络相互交流；边缘性人格障碍患者和他们的家人也开始建立网站，形成社区——因为他们需要倾诉，在其他地方却找不到聆听的耳朵。以前他们是孤独的，现在他们开始彼此携手。在1995年至2008年间，我们"欢迎来到奥兹国"网站群组从12名成员增加到16000人。

《与内心的恐惧对话：摆脱来自亲人的负能量》以及后来的《与内心的恐惧对话：实战攻略》的成功，都向出版商们证明了关于边缘性人格障碍的图书会大受欢迎，因此相关选题将会不断涌现。国外的版本亦在其他国家引发了一种潮流。在2008年，我应日文版的出版商之邀，在东京为边缘性人格障碍患者及其家人们举行了一系列的讲座。

不过，这一切也不总是一帆风顺。大部分临床心理医生仍然缺乏必需的知识——尤其是不清楚应该如何评估与治疗儿童和青少年的边缘性人格障碍症状。另一个问题是，边缘性行为可能会通过很多种方式表现出来，而由于缺乏对边缘性人格障碍相关特征的最基本了解，即便是心理健康系统中的临床心理医生，也不一定会注意到或者察觉出来。

从更为个人的角度来看，时代在不断发展，我和我的合著者也遇到了同样的问题。几年之前本书初次印刷出版后，我撰写了《与内心的恐惧对话：实战攻略》。这个小册子版本中加入了大量的案例和论述，这种交互的格式能够帮助读者认识自我，并且在生活中应用这些信息。

2008年，我出版了另外一本重要作品《边缘性人格障碍患者家庭实用指南》。该书具有一整套脉络清晰的系统，包含了五种技巧设置，能够帮助家庭成员们摆脱边缘性人格障碍患者的指责，利用正确的方法让自己感觉更好，过得更轻松，得到倾听，并且能够自信地设置自己的界限。随后你将会看到，我从那本书中选取了一些内容加入到本书中来，两本书互为补充并展示出了不同的观点。边缘性人格障碍患者的家庭成员们需要得到尽可能多的帮助！

我的合著者保罗·梅森（Paul T. Mason）选择了一条迥异的道路。他现在在位于威斯康星州拉辛市的惠顿方济各会医疗保健中心——诸圣公司中担任临床服务部门的副总裁。保罗的职位属于执行者和管理者，负责监管精神健康与成瘾关怀服务线，该服务线涵盖了三个住院部和六个门诊部，为威斯康星州东南部地区那些有需要的成年人、儿童和家庭成员提供服务。当本书初次在书店出现时，他的三个孩子才刚刚上学，现在已经分别是13岁、17岁和18岁了。他和妻子莫妮卡保持着幸福的婚姻生活——莫妮卡在照料家庭之余，还坚持为拉辛市单身的成年人和夫妻提供一些小规模的心理治疗实践。

我们希望你们能够喜欢这个新版本。

兰迪·克莱格

引言

亲密的陌生人：本书是怎么问世的

肯定我有问题。

这是我对他的行为能够做出的唯一一种解释。为什么他在这一刻还表现得柔情蜜意，而下一刻就恨不得把我撕成碎片？为什么他刚刚还夸我才华横溢，转眼就对我大吼大叫，说我卑鄙，是为他带来麻烦的祸根？如果他真如所说的那样爱我，为什么我却觉得自己仿佛傀儡一般，只能任由他操纵？一个聪明而且受过良好教育的人，有时候怎么会表现得如此不可理喻呢？

从理智上说，我知道自己问心无愧，完全无须接受这样的对待。但多年以来，我逐渐接受了他眼中的现实——我满身缺点，一切问题都是我的错。即便是在我们分手之后，我仍然不信任自己，找不回自尊。所以我开始去寻求心理咨询师的帮助。

几个月之后，咨询师为我揭示出了前男友的一些问题，这将彻底改变我的生活——也许还会改变其他人的生活。"你所描述的你前男友的行为是非常典型的边缘性人格障碍特征，"她说，"因为我没有见过对方，所以无法确诊。但是从你说的这一切看来，他的状况完全符合诊断标准。"

边缘性人格障碍？我从未听说过。咨询师推荐我阅读医学博士杰罗尔德·克里斯曼（Jerold Kreisman, MD）的著作《我恨你——别离开我》(*I Hate You—Don't Leave Me*, 1989)。我读了之后，发现前男友那让人困惑的行为符合临床医生"圣经"《精神疾病的诊断与统计手册》(*Diagnostic and Statistical Manual of Mental Disorders*)中列举的关于边缘性人格障碍（BPD）九大特征中的七项，只需要五项特征吻合即可确诊为边缘性人格障碍。

我希望更多地了解这种边缘性人格障碍是如何影响我的。我需要知道如何治愈我内心的创伤。但是我只能找到两本供大众读者阅读的相关图书，而且它们更像是对于边缘性人格障碍的浅显说明，不是适合家庭成员们阅读的实用性自助类图书。

于是我决定自己写一本能够助人自助的书。北美有六百万人罹患边缘性人格障碍，我估算至少有一千八百万个家庭成员、伴侣和友人，和我一样在为边缘性人格障碍患者们的行为自责却无计可施。

一位朋友得知我想要编写这样一本书，需要可信的精神健康方面的专家，于是建议我去联系她的同事保罗·梅森（Paul T. Mason）。保罗是一位心理治疗师，已经在住院部和门诊部为边缘性人格障碍患者和他们的家人们服务了十年。他写的关于边缘性人格障碍子类型研究的文章曾经发表在一本权威期刊上。他还为专业人士和社会公众做过一些相关主题的讲座。

保罗和我一样，坚信边缘性人格障碍患者的友人、伴侣和家庭成员们都迫切地需要知道，他们并非孤军奋战。"家庭成员们告诉我，他们仿若置身于情感的战场中，却不知道该怎么做。"保罗说。

于是保罗开始针对相关研究查询书籍，搜索专业文献。很多文章都探讨了治疗边缘性人格障碍的困难，一些研究者认为这些患者要求太多、满心怀疑，治疗进展缓慢——如果真有进展的话。虽然这些文章为那些专业人士总结出了一定的应对技巧，但专业人士一周只面见边缘性人格障碍患者一小时；没接受过任何训练的患者家属们一周七天都要和患者打交道，他们的需求却无人问津。

在一些研究中确实也讨论到了"家庭"，但这一术语几乎都指向那些边缘性人格障碍患者的原生家庭。讨论的焦点则是判断早期家庭环境在边缘性人格障碍的发展中扮演的角色。换句话说，这些研究着眼于对边缘性人格障碍患者产生影响的行为，而非边缘性人格障碍患者对他人产生影响的行为。

就在保罗埋头钻研专业期刊时，我开始采访许多心理健康方面的专家，了解"非边缘性者"或者非边缘性人格者（指的是边缘性人格障碍患者或者具有边缘性人格障碍特质的人的伴侣、友人或者家庭成员）怎么做才能控制自己的生活，不再如履薄冰，同时还能有余力支持他们关爱的人。这些临床心理医生中有些是非常知名的边缘性人格障碍研究者，还有一些则是由朋友推荐的地方专家。

结果让我颇为吃惊。尽管边缘性人格障碍从定义上说只会对那些与边缘性人格者有亲密关系的人产生消极影响，但是大部分和我交流的心理健康专家——当然也有一些明显的例外——都被他们的边缘性人格患者的需求搞得束手无策，因此他们能给予非边缘性人格者的建议非常有限。不过，随着不断地采访，我的知识体系确实得到了发展。

保罗和我为那些关注边缘性人格障碍患者的人找到了一些最基本的信息。但是我们仍然未能成书——因为找不到翔实的、支持性的指导内容。于是我们开始把目光转向互联网。

为了满足公共关系、市场营销和写作的需要，我买了一台新电脑，它附带了一张"美国在线"的光盘。由于很好奇这种互联网服务，我就安装了这个软件。

于是我发现了一个全新的世界。美国在线提供的网络新闻组和信息留言板就像是在世界上最大的教堂地下室中进行活动的巨型互助小组一样。我在这里遇见的"网民",无论是边缘性人格者还是非边缘性人格者都不会单纯地等待着专家们给出答案。他们分享应对策略,交流技术信息,并且为那些熟悉的陌生人提供情感支持——因为他们完全能够理解对方的遭遇。

我开始阅读这些年来在美国在线网站上的边缘性人格者和非边缘性人格者们留下的数百条留言。我给那些近期发表留言的人发送电子邮件,请求他们参与我们的研究。大部分人欣然应允,并很高兴终于有人要努力去满足他们的需求,为他们提供更多与边缘性人格障碍相关的信息了。

在我们通过电子邮件交流时,我会记录下家庭成员、伴侣和友人们关注的重点。然后去询问边缘性人格障碍患者对此的看法。例如,当非边缘性人格者们提及面对边缘性人格障碍患者发怒时是多么的无助,我就去请求边缘性人格障碍患者清晰地描述出他们在此时的想法与感受以及希望他人做出什么样的反应。

一开始边缘性人格障碍患者们并不信任我。但是几个月之后,他们对我的信任增加,开始吐露出内心最深处对自己的感受,并描述了由这种人格障碍造成的惊人破坏。很多人都告诉过我关于性虐待、自毁、抑郁以及自杀未遂的可怕故事。"作为一名边缘性人格者,我宛如永坠地狱——毫不夸张。"一位女士写道,"痛苦、愤怒、困惑、伤害。我永远也不知道自己的情绪在瞬息之间会发生什么样的变化。我因自己伤害了所爱的人而悲哀。很多时候,我会过度兴奋,然后又因此感到焦虑。接着我就会割伤自己。在我割伤自己后我又会觉得羞耻,结果又去割伤自己。我觉得自己的生活就是一曲永无止境的《加州旅馆》[1]，唯一的摆脱方法也许就是永远离开。"

很多心理咨询师认为，边缘性人格障碍患者痊愈的希望并不大。但是在美国在线和互联网上，我遇到了许多边缘性人格障碍患者，综合应用了心理疗法、药物治疗与情感支持，得到了极大的好转。这些患者在他们的人生中第一次体验到正常情感时那种欢喜，往往也会令我随之感动落泪。而且，我也是第一次了解到前男友承受了怎样的痛苦。对于那些我完全无法理解的行为现在也找到了答案。同样是第一次，我从本质上理解了他那些年来无缘无故的情感爆发并不是存心针对我。这些行为很可能是他为自己感到羞耻，同时极度害怕被抛弃而导致的。当我明白他也是受害者时，内心的一部分愤怒就转化成了怜悯。

一些家有边缘性人格者的网友讲述的故事也令人震惊不已。有些人告诉我，他们的配偶曾经造谣中伤过他们，甚至曾经诬告他们虐待。一些孩子被确诊为边缘性人格障碍后，他们慈爱而束手无策的父母倾尽所有去帮助自己的孩子，却被或隐晦或明确地指控虐待儿童。

边缘性人格者的成年子女们也会提及自己噩梦一般的童年。一位男士说："即便是我的生理活动都要被非难。我那边缘性人格的母亲断言，我吃饭、走路、说话、思考、坐下、跑步、小便、哭泣、打喷嚏、咳嗽、大笑、流血或者倾听全都有问题。"边缘性人格者的兄弟姐妹们也说，为了得到父母的关注，他们不得不明争暗斗，还担心自己的孩子也会患上这种人格障碍。

在从美国在线留言区结识的志愿者们的帮助下，我建立了一个

---

[1] 《加州旅馆》这首歌中隐藏的含义简单说就是堕落到永远无法逃离的禁锢之地，此处暗示讲述者认为唯一的解决方法就是"离开"，即死亡。——译者注

关于边缘性人格障碍的网站[2]，还为非边缘性人格者们组建了一个名为"欢迎来到奥兹国"[3]的网上社区。很多人惊讶地发现，他们自己曾经觉得是绝无仅有的遭遇，居然有那么多人都经历过。例如，同时有三位"欢迎来到奥兹国"的成员都记录过发生在机场的激烈争吵。四位成员都提到过身边的边缘性人格者曾经对自己一连数日大发雷霆，仅仅是因为对方梦到他们做了某些事。

保罗和我开始慢慢地组织整理这些数量庞大的信息。我们制定了一个流程：我基于网络上的讨论提出想法和建议，并将这些想法和建议交给保罗；由保罗负责校订这些话题并将之展开，把这些内容填充到一份大纲中去。

此外，保罗会基于他的研究再提出新的建议，由我来进行调整并发布给"欢迎来到奥兹国"网站的成员们，以得到他们对于自己的"真实世界"的观察结果。我们都为这种方法感到惊讶：只要找准关键，就能得到来自全世界各地数百名网友的反馈——是网络将这一切变成可能。

当我们对自己的工作都感到满意时，便会把成果分享给保罗的同事、其他心理健康专家和一些常年与边缘性人格者及其家属打交道的著名边缘性人格障碍研究者。让他们进一步确认，自己接触的患者和家属们与我们网络上的参与者们的关注点是相同的。为了进一步保证数据的准确性，我们还请求加利福尼亚州诺沃克市赛里图斯学院的心理学教授伊迪丝·克拉克希罗博士对我们网络支持群组中的非边缘性人格者做了一次调查。

当然，我们不能让所有人都满意。当我第一次考虑撰写本书

2　www.bpdcentral.com

3　此处有隐喻，见"引言"后的【译者注】

时，就想不通为什么之前没有人写过类似的东西。工作了几个月之后，原因就很明白了。边缘性人格障碍是一个有争议的复杂的话题。单单是为它下定义，就已经如蒙着眼赤手空拳在雨中捕鱼一样困难了。边缘性人格障碍成因的理论研究也多如牛毛，且并无定论。各种疗法也是知名研究专家们激烈争论的热点。

最令人沮丧的是，心理健康组织对于边缘性人格障碍并不重视，因此大众对此也有所忽略。据美国精神病学会（APA）的统计，边缘性人格障碍的发病率几乎相当于精神分裂症和躁郁症的发病率之和。然而我们采访过的大部分专业人士都承认，自己所接受的训练不足，难以准确地诊断并治疗这种极具挑战性的人格障碍。有些人甚至仅仅只是听过一两场关于这方面的讲座而已。

撰写本书，是一份情感上有困难、智力上有挑战的工作。很多边缘性人格障碍患者在回答我们问题的时候，都表现出或隐晦或明晰的自杀倾向。每一天我都会收到至少一封绝望的信件，对方刚刚从我们的网站[4]上获知边缘性人格障碍的存在，希望有人能告诉他接下来该怎么办。

我们这三年努力的结果，就是现在你拿在手里的这本书。它并非意味着这一课题的结束，而仅仅是个开始。我们希望它能够引发人们进行新的研究的灵感，帮助临床医生们指导他们的患者，为患者家属与友人们提供支持和安慰，为那些边缘性人格障碍患者带来改善的希望。最重要的是，我们希望它会帮助你和无数像你一样的人，从边缘性人格障碍患者进入你生活后就不曾停歇的情绪过山车上解脱出来。

兰迪·克莱格

4　www.bpdcentral.com

【译者注】
奥兹国的隐含意义

美国童话家莱曼·弗兰克·鲍姆创作了一系列围绕奥兹国展开的童话故事，第一部就是家喻户晓的《绿野仙踪》。在《绿野仙踪》里，住在美国堪萨斯草原上的小女孩多萝茜和她的小狗托托，被龙卷风带到了一个神奇的国度——奥兹国。想要回家的小女孩遇上了想要脑子的稻草人、想要一颗心的铁皮人和想要勇气的狮子，他们一起踏上了通往翡翠城的黄砖路，经过无数冒险，终于见到了建造翡翠城的魔法师——传说中无所不能的奥兹。几位共患难的朋友，希望能在他的帮助下实现自己最大的愿望，却发现他是一个同样被龙卷风刮来的、什么魔法也不会的马戏团魔术师！担心被翡翠国居民识破自己不会魔法的奥兹，一直都躲在宫殿厚重的帘幕后面，利用一个又一个障眼魔术，虚张声势吓唬翡翠国的人民，直到被小狗托托无意中闯到帘幕后面撞破。当然，这个故事的最后，机智的魔法师找出了巧妙的方法帮稻草人、铁皮人和狮子得偿夙愿，他自己利用热气球回到了堪萨斯州。小狗托托到处乱跑，致使多萝茜没能乘上热气球，不过最后她仍然在东方女巫的帮助下回到了家乡。

关于奥兹国的童话故事，鲍姆一共创作了14本，这套书有美国《西游记》的美称，在美国家喻户晓，是非常著名的童话故事，以至于如果有人遇到了奇怪的事情时都会说："我简直是来到奥兹国了。"本书的作者兰迪·克莱格一直认为，奥兹国是一个神奇的地方："奥兹国是个奇妙之地，大树会唱歌，动物能说话，你永远猜不到前面有什么正等着你。"她为非边缘性人格者们创建了"欢迎来到奥兹国"的网站,希望人们的生活能够像在奥兹国一样充满神奇与期待。

而另外一重含义则是针对边缘性人格者们来说的。在兰迪·克莱格心目中,边缘性人格障碍患者就像是魔术师奥兹一样,因为充满了恐惧和担心,所以不得不每天都把自己藏在厚厚的帘幕之后,用各种吓人的障眼法欺骗别人,给自己带来虚假的安全感。只要有人敢于走到帘幕之后,就会发现真相并不是看到的那样,而是需要用心去理解的。换句话说,虽然边缘性人格者们总是表现得不可理喻、喜怒无常,乃至令人憎恨,但其实他们的内心同样充满了痛苦与恐惧,他们希望得到理解与爱,希望自己在乎的人不会离去,但他们不认识真正的自己,不知道该如何表达自己,只好用最直接也是最不明智的方法去面对现实。如果可以的话,他们也希望能够站在阳光下,和大家一起欢笑。

所以,正如作者兰迪·克莱格所希望的那样,"欢迎来到奥兹国",只要坚持,只要心中有爱,你会发现奇迹终会出现。

第一部分
认识边缘性人格障碍行为

第 1 章

在蛋壳上行走：
你关爱的人是否罹患边缘性人格障碍

结婚十五年后,我仍然不明白自己究竟哪里做错了。我去图书馆查询图书,找医生恳谈,向心理咨询师倾诉,阅读文章,与朋友们交流。我用了十五年的时间困惑、烦恼,并且相信了她对我的绝大多数评价。我怀疑自己,受伤深重,却不知道原因。

后来有一天,我终于在网上找到了答案。我如释重负,放声大哭。尽管我还是不能让有边缘性人格障碍特征的她承认自己需要帮助,但至少我终于明白发生了什么。这不是我的错,现在真相大白了。

——摘自"欢迎来到奥兹国"网络社区

这本书适合你吗

☐ 你关爱的人是否为你带来了许多痛苦？

☐ 你是否发现自己因为害怕对方的反应，或是觉得不值得引起激烈的争端和面对随之而来的伤害，从而隐藏内心的想法或者感受？

☐ 你是否觉得自己无论怎么说、怎么做都会被曲解，甚至会被当作对付你自己的工具？在亲密关系中，是否你犯下的每个错误都会遭到批评和谴责，即便对方根本就是在无理取闹？

☐ 你是否感觉到被人操纵、控制，甚至时常被欺骗？

☐ 你是否感觉自己是情感勒索的受害者？

☐ 你是否觉得，有时候自己突然就成了强烈、暴虐、莫名其妙的怒火倾泻的对象；然后又突然面对完全正常、充满爱意的行为？当你对别人解释这种状况时，却没有人相信？

☐ 你是否觉得，自己在关爱的人心目中，要么完美无瑕，要么一无是处，完全没有中庸的表现？有时候对方的看法会莫名其妙地在这两个极端之间摇摆不定？

☐ 在一段亲密关系中，你是否不敢提出任何要求，因为对方会指责你贪得无厌，或者说你有毛病？你是否觉得自己的需要无足轻重？

☐ 对方是否会诋毁或者否定你的观点？你是否觉得他们的要求总是在变，你怎么做都不对？

☐ 你是否会因为从没做过的事或从没说过的话而受到无端指责？你是否会觉得自己被误解，想要解释，却发现对方根本不信任你？

☐ 你是否常常被羞辱？如果你试图结束这段亲密关系，对方是否会设法阻止你，从充满爱意的告白、信誓旦旦说改变，到明里暗里的威胁？你是否会为他们的行为找借口，或者试图说服自己一切都好？

如果你对于大部分问题的回答都是"是"，那我们有个好消息要告诉你：你没有发疯，这不是你的问题，你也不是孤独的。你可以与他人分享你的经历，因为与你关系亲密的这个人具备了边缘性人格障碍（BPD）的特征。

下面是三个真实的故事，故事的主人公发现，自己关爱的人患上了边缘性人格障碍。和本书中所有的案例一样，这些故事都是网络群组成员们分享的个人经历，不过为了保护当事人，我们改动了许多细节。

乔恩的故事：与边缘性人格障碍患者结婚

与边缘性人格障碍患者结婚之后，总好像是前一刻在天堂，下一刻在地狱。我妻子的情绪瞬息万变。我终日如履薄冰，总想着怎么才能讨好她，怎么才能避免因为应答太早、语速过快、语气不对，或者是表情不当而引发的"战争"。

现在，你是否在想："我都不知道，居然有人和我有同样的体验！"

即便是我分毫不差地按照她的要求做，她仍然会对我发飙。一天，她叫我把孩子们带走，因为她想要一个人静静。

但是当我们离开时，她却把钥匙丢到我的脑袋上，质问我到底有多恨她，才不想陪她待在家里。当我和孩子们看完电影回来之后，她又表现得好像什么都没有发生过。她还奇怪我为什么情绪低落，居然说我不会调节自己的情绪。

我们并不是一直都这样。在结婚之前，我们曾经有过一段轰轰烈烈、妙不可言的热恋。她极为崇拜我，说我在方方面面都和她万分契合。我们的床笫之欢也无比美妙。我为她写情诗，买昂贵的礼物。我们在相爱四个月后订婚，一年之后结婚，花了一万美元去度了梦幻般的蜜月。但就在婚礼之后，她开始揪住鸡毛蒜皮的小事不放，把它们放大成没完没了的批评、质疑和痛苦。她不断地指责我拈花惹草，还会拿出假想的"事实"来证实自己的说法。她开始害怕我的朋友们，并将他们都拒之门外。她诋毁任何与我有关的事情——我的工作、我的过往、我的价值观、我的自尊。

然而，每隔一段时间，过去的那个她又会回来——那个她爱我，觉得我是全世界最棒的男人。她仍然是我认识的那个最聪明、最风趣、最性感的女人。我还是深爱着她。婚姻咨询师认为我的妻子可能患上了边缘性人格障碍，但我的妻子则坚持认为我才是那个破坏我们幸福的罪魁祸首。她觉得婚姻咨询师是个庸医，不愿意再去进行咨询。我应该怎样才能让她得到必需的帮助呢？

你没有发疯，这不是你的问题，你也不是孤独的。

拉里的故事：养育一个患上边缘性人格障碍的孩子

在养子理查德18个月大的时候，我们觉得他一定是哪里有问题。他脾气暴躁，总是哭闹，能连续尖叫三个小时。在他两岁时，每天都要发上好几次脾气，有时候会持续几个小时。而我们的医生只是简单地说："男孩子嘛，就是这样的。"

理查德7岁的时候，我们在他的房间里发现了一张便条，上面写着等他满8岁就自杀。他的小学老师向我们推荐了一位本地的精神科医生，医生告诉我们他的生活需要更有条理、更稳定。我们尝试过积极强化、严厉的爱等教育方法，甚至改变了饮食结构。但一切方法都没有用。

理查德上初中后，开始撒谎、盗窃、逃学，还总是情绪失控。在他企图自杀、开始自残并且威胁说要杀死我们的时候，连警察都介入了。每一次我们教育他、罚他在自己房间关禁闭的时候，他都会拨打儿童虐待热线电话。我们的儿子操纵了他的老师、亲人甚至警察。他才华横溢、英俊潇洒，还有幽默感，这让他显得既有个性又有魅力。每一位咨询师都认为，是我们的错误导致了他的不良行为。一旦咨询师识破了他的欺诈，他便拒绝再去咨询。每一位新咨询师都不愿意花时间看他的病历，因为到现在为止那些记录得有几英寸厚了。

最终，他在学校恐吓了一位老师之后，被强制送进了一家短期治疗中心。

我们多次被告知，他有注意力缺失障碍或者是由某种未知伤害造成的创伤后应激障碍。还有一位精神科医生说，他患上了精神病性抑郁症。很多人告诉我们，他就是个不良少年而已。住院治疗四次之后，保险公司告知我们他们将不再理赔。医院方面则说他病情严重，不能出院。本地的精神科医生们都建议我们向法庭申请解除亲子关系。一个偶然的机会，我们发现了一家政府资助的医院，他在那里第一次被诊断为边缘性人格障碍。医生们为他进行了多种治疗，但是都表示他好转的希望渺茫。

理查德最后总算高中毕业，开始念大学，而这最终还是一场灾祸。尽管现在他已经23岁了，但他的心智成熟度大概只有18岁。长大成人对他也许有点帮助，但他仍然害怕被抛弃，无法维系长期的亲密关系。他在两年之内换了四份工作，他的朋友走马灯一样的换，因为他专横霸道、令人讨厌、控制欲强，还固执己见。所以他只能依靠我们提供金钱和情感支持。我们是他最后的救命稻草。

肯的故事：和边缘性人格障碍父母一起生活

母亲对我的爱是有条件的。如果我没有按她的要求做，无论大事小事，她都会怒不可遏地打击我，说我是个坏孩子，永远不会有朋友。但是当她需要爱时，就会变得深情款款，拥抱我，诉说我们的亲密无间。你永远没法预测到她的喜怒哀乐。

如果母亲觉得有人占去了我太多的时间和精力，她就会愤愤不平。她甚至会吃我们家小狗史努比的醋。我一直觉得是我自己做错了什么，或者哪里有毛病了。

她总是苦口婆心地劝我上进，没完没了地说我需要改变。她觉得我的发型有问题、朋友有问题、餐桌礼仪有问题、态度也有问题。她似乎总是夸大其词，编造谎言，好证明她的看法是正确的。当我父亲不赞成她时，她就挥挥手，让他走开。她永远是对的。这么多年来，我都努力去满足她的要求。如果我做到了，她的要求就又变了。尽管年复一年面对着伤人的吹毛求疵，我却永远做不到习以为常。现在，我不能和别人亲近，我不能全然相信任何人，哪怕是我的妻子也不行。当我觉得自己与她特别亲密的时候，就会提醒自己，接下来她必然会拒绝我。如果她并没有做出对我来说有"拒绝"意味的行为时，我反而会在某些方面拒绝她——比如说因为某些鸡毛蒜皮的小事对她发火。从理智上说，我知道自己在做什么，但就是身不由己。

边缘性人格障碍行为的强度

边缘性人格障碍患者有和正常人一样的情感体验，也有许多和正常人一样的行为。他们和正常人的区别在于：

- ☐ 感受更强烈
- ☐ 行为更极端
- ☐ 难以调整自己的情绪和行为

边缘性人格障碍不会导致患者在行为方面与常人有根本性不同，但是却会令其行为无限趋向极端。

> 在20世纪前半叶，研究者们创造了一个术语"边缘性"，因为他们认为，有些患者的行为表现介于神经官能症和精神病之间的边缘区域——这种行为现在我们称为边缘性人格障碍。尽管这一说法在20世纪70年代已经被废弃，但是这一名词保留了下来。

初识边缘性人格障碍

当人们发现，导致自己关爱的人性情古怪、行为混乱、充满伤害性的根源是"边缘性人格障碍"时，通常都会十分震惊。他们一般都搞不明白，为什么过去从未听说过边缘性人格障碍——尤其是有些曾经向心理健康系统求助过的人，他们居然也对此一无所知。

为何我们对边缘性人格障碍知之甚少

令人遗憾的是，边缘性人格障碍并不容易确诊，即便是心理健康专家也不敢妄言。有几个因素可以解释这个问题。

1.直到1980年，美国精神病学会才在《精神疾病的诊断与统计手册》中正式确认边缘性人格障碍，这本手册是供专业人士诊断和治疗精神疾病的标准参考书目。许多心理健康专家仅仅是因为对这种人格障碍不够了解，才会忽略病人身上的边缘性人格障碍特征。

2.一些临床医生并不认可《精神疾病的诊断与统计手册》中的相关信息，还有一些人认为边缘性人格障碍并不存在。有的专业人士认为"边缘性人格障碍"只是一种笼统的说法或者是"废纸篓诊断"[1]，用以描述那些疑难杂症。（随着近年来相关研究的不断增加，这些观念已经越来越少见，边缘性人格障碍已经成为各种人格障碍中被研究最多的疾病。）

3.有些临床医生坚信边缘性人格障碍是一种污名，他们不愿意为病人贴上这种标签，害怕病人被心理健康系统放弃。许多临床医生即使在患者的病历上正式做出边缘性人格障碍的诊断，也不会告诉患者相关病情，或者只是简单提及，并不加以说明。

说还是不说

当你阅读本书时，可能非常渴望与你认为罹患边缘性人格障碍的人谈谈。这是可以理解的。了解这种人格障碍会为你带来一种强烈的、颠覆性的体验。你脑海中想象的场景一般是这样的：罹患边缘性人格障碍的人会很感激你，并且立即开始治疗以驱除他们的心魔。

可惜，现实与想象截然相反。边缘性人格障碍患者的家属频频告诉我们，对方的反应往往都是愤怒、否认和激烈的批评。而且通常具有边缘性人格障碍特征的一方会指责自己的家人才是人格障碍患者。

另外一些情况也很有可能发生：具有边缘性人格障碍特征的人会感到羞耻和绝望，并企图伤害自己；或者他们会以此为借口，拒绝为自己的行为负责——"我控制不住自己，我有边缘性人格障碍。"

---

[1] 废纸篓诊断，指的是向难以确诊的病人给出的含糊不清的说辞，或者用于为那些根本找不到医学原因的疑难杂症做医学记录的话术，多半是没有明确意义的说法。——译者注

> 没有任何名人承认过自己罹患边缘性人格障碍（尽管在小报和人物传记中都曾有过广为人知的推测），但很多人都表现出了相关的特征。诸如饮食障碍、家庭暴力、艾滋病和癌症之类的问题，在影响到一些名人之前，在大众的意识之中也得不到重视。

向专业心理医师寻求帮助

> 你不能强迫一个人改变自己的行为。毕竟，对于边缘性人格障碍患者来说，这不仅仅只是"行为"，而是贯穿他们一生的应对机制。
>
> ——约翰·格洛霍尔，心理学博士

这个问题很复杂。不要仓促行事，先找一位有治疗边缘性人格障碍经验的专业心理医生讨论一下你的想法。一般来说，患者从心理医生那里了解到边缘性人格障碍比从你这里了解更合适。如果具有边缘性人格障碍特征的是一个成年人，并且会定期去接受心理治疗的话，那么基于保密原则，这位心理医生很可能不会和你讨论边缘性人格障碍的问题。不过，你可以和心理医生分享你的想法。

另外一种可能是，这位边缘性人格障碍患者的家属，尤其是直系亲属——比如母亲、父亲和兄弟姐妹，也会对患病一事做出否认和指责的反应。记住，你的责任不是去说服任何人相信任何事。人们要先做好心理准备，才会愿意去学习。

> **例　外**
>
> 当你小心翼翼地和可能罹患边缘性人格障碍的人讨论这个问题时，也可能会出现如下一些情况：
>
> ☐ 也许他们会很积极地寻找答案，希望知道为什么自己会这样
>
> ☐ 也许你们两人不会互相推诿责任
>
> ☐ 也许你能用充满体贴和关爱的态度去面对对方，并保证无论需要多久的治疗，你都会不离不弃（不要轻易地做出承诺。做出承诺又食言，比你没做出承诺还要糟糕。）

当你知道而他们不知道时

当你意识到自己关爱的人可能患上了边缘性人格障碍，而对方却没有意识到的时候，情况就会危如累卵。例如，山姆说，他的妻子安妮塔疑似罹患边缘性人格障碍，但他却没法和妻子谈这个问题，因为她从不肯为自己的行为负责，还抱怨自己才是"受害者"。至于说让妻子接受治疗，这显然更不可能。他时常会觉得自己"背叛"了妻子，因为他注册了一个新邮箱来接收有关边缘性人格障碍的资料。

自从了解了边缘性人格障碍，我们之间的交流变得更加平和、更加体贴——但当然还是一样的令人沮丧。偶尔，我还会觉得自己得到的海量信息简直要人命。

——韦斯利

> 你应该先和一位训练有素、在治疗边缘性人格障碍方面经验丰富的心理健康专家交流之后，才能决定接下来应该怎么做。在附录A中，我们也针对如何选择一位心理医生提出了建议。

不要执着于诊断结果

与其执着于诊断结果本身，还不如去帮助边缘性障碍人格患者明白一件事：那就是在亲密关系中，双方都要为事态发展承担责任。（你可能会觉得边缘性障碍人格患者要为所有的问题负责，但是现在你该放下这种念头了。）你的态度应该是，在亲密关系中如果出现了问题，需要双方同心协力去一起解决。

如果边缘性人格障碍患者看上去不能用合作的方式来经营你们的亲密关系，你可以尝试着只把重点放在设置你们之间的界限上（第6章）。我们曾经说过，不管对方是否意识到或者承认自己患上了边缘性人格障碍，都要坚持让他们恪守你的底线。

记住，对方并不一定是患上了边缘性人格障碍。而且即便他们真的是边缘性人格障碍患者，也不能全盘解释他们的行为。你应该把关注的重点放在解决因他们的行为引起的后果，而不是纠结于导致他们产生这些行为的原因上。

> 你的态度应该是，在亲密关系中如果出现了问题，双方需要同心协力去一起解决。

如何使用本书

本书的信息量很大。请慢慢阅读，不要指望一口吃成个胖子。这意味着你最好能细嚼慢咽，彻底消化吸收本书中的精华。

循序渐进

我们建议你循序渐进地阅读这本书，不要跳章节阅读。你从每一章节中获得的知识都将是下一章节的基础，这个特点在第 2 章尤为明显。我们在几个章节中反复强调了一些基本概念，这也有助于你将所学的内容整合在一起，形成一种新的方式帮你内省，帮你重新审视你们的亲密关系。

理解术语

为了让本书更通俗易懂，我们创造了一些新的术语和定义。

非边缘性人格者

术语"非边缘性人格者"不是指"未罹患边缘性人格障碍者"，而是专门指代"亲人、配偶、朋友或者其他受到边缘性人格障碍患者行为影响的人"。非边缘性人格者与边缘性人格障碍患者的亲密关系可能各不相同、多种多样。我们采访过的非边缘性人格者包括边缘性人格障碍患者们的姑妈姨妈、表兄弟姐妹以及同事朋友等。

　　非边缘性人格者包含形形色色的人，边缘性人格障碍患者对他们的影响也五花八门。有些非边缘性人格者终其一生都在支持着边缘性人格障碍患者，有些人则可能会在言语上或者行为上欺辱边缘性人格障碍患者。非边缘性人格者本身也可能会有心理健康方面的问题，诸如抑郁症、药物滥用、注意力缺失症以及边缘性人格障碍等。

> 　　一些边缘性人格障碍患者可能会在性方面、身体方面或者情感方面遭受父母或其他监护人的虐待。还有一些患者则有非常好的父母，终其一生都在为子女求治。我们采访的父母都是后一类的。他们并非完美的父母（我们中间谁敢说自己是完美的父母呢？），但也绝对不会虐待子女。因此在本书中我们凡是提到父母的时候，指的都是可能会犯一般错误的普通父母。

边缘性人格障碍患者

　　我们用"边缘性人格障碍患者"来指代那些"已经确诊为罹患边缘性人格障碍的患者，或者是符合由美国精神病学会出版的《精神疾病的诊断与统计手册》（2004年第四次修订版）中表述的边缘性人格障碍定义的人"。

> 　　边缘性人格障碍通常会被误诊，并经常与其他心理健康问题共存。如果你身边的边缘性人格障碍患者接受过几位心理健康专家的治疗，那么他很可能会得到不同的诊断。如果没得到

> 正式诊断，就说你关爱的人是边缘性人格障碍患者，你也许会感到不安。但你要让自己的生活变得更好，所以不要让这种感受妨碍你去获得更多你需要了解的信息。

你不应该根据一本书就去对别人下诊断。诊断只能由具有评估与治疗边缘性人格障碍经验的专业人士做出。你永远都不能断定自己关心的人是否真的罹患了边缘性人格障碍。对方可能会拒绝由心理健康专家进行诊断，事实上，他/她可能会否认自己有问题。抑或他/她会去见心理医生，但却不会告诉你诊断结果。

> 记住，本书是为你——非边缘性人格者——写的，而不是为边缘性人格障碍患者写的。你有权利寻求帮助。如果你遇到的行为模式很像在前面列举出来的那些，那么，无论对方是否被诊断为边缘性人格障碍，你都能够从本书给出的策略中获益。

"边缘性人格者"与"边缘性人格障碍患者"

一些专业人士更愿意使用"边缘性人格障碍患者"这个说法。他们觉得称呼一个人为"边缘性人格者"意味着用诊断来定义这个人。这些临床医生坚持使用"边缘性人格障碍患者"这个更长的专有名词。

我们也认为"边缘性人格障碍患者"这个术语与"边缘性人格者"这个词相比较，确实侮辱性的意味会少一些，我们的目标是创作一本简明扼要、通俗易懂的书，同时还要尊重那些有心理障碍的人。为了解释边缘性人格者和非边缘性人格者之间那种错综复杂的关系，我们必须时常将两者加以区分。有时候在同一句话中会多次提及这两者，而如果使用过长的术语会让本书变得晦涩难懂，所以我们不得不选择使用"边缘性者"或者"边缘性人格者"来作为简称。更重要的是，"边缘性人格者"也包含那些虽然未得到正式诊断，但是显示出了相关特征的人。

记住我们的重点

> 虽然阅读本书看起来似乎像是背叛了你关爱的那个人，但事实并不是这样的。

当你阅读本书时也许会觉得，我们主张边缘性人格障碍患者应当为亲密关系中所有的问题负责。但实际上，我们讨论的根本就不是亲密关系的问题。我们的重点非常明确：如何应对边缘性人格障碍产生的行为。

在现实生活中，亲密关系是多种多样的。成百上千与边缘性人格障碍无关的因素都会对亲密关系产生影响。我们并未提及这些因素，是因为它们已经超出了本书讨论的范围。

> 边缘性人格障碍患者在一段亲密关系中要承担一半的责任，而非边缘性人格者则要承担另外一半。同时，双方要为他们自己的那一半负全责。

怀抱希望

边缘性人格障碍很可能是最容易误诊的心理疾病。最大的误区就是认为边缘性人格障碍无法痊愈。事实上，药物有助于缓解抑郁、情绪化和冲动。实践研究表明，适当的治疗能够取得效果。我们已经见到过很多痊愈的边缘性人格障碍患者，他们再也不会身不由己地伤害自己，他们自我感觉良好，可以愉快地接受关爱、付出关爱。

如果边缘性人格者拒绝接受帮助和治疗会怎样呢？我们仍然有希望。尽管你无法改变边缘性人格障碍患者，但你可以改变自己。通过审视自己的行为，调整自己的行动，你可以让自己摆脱情绪的过山车，重新找回自己的生活。

> 最大的误区就是认为边缘性人格障碍无法痊愈。

第 2 章
边缘性人格者的内心世界：
定义边缘性人格障碍

如果你尝试着去定义边缘性人格障碍，就会感觉像在凝视一盏七彩熔岩灯一样，眼前的景象变幻多端。这种疾病不仅令人无常，还象征着无常。

——贾尼斯·科威尔斯，
《纷繁复杂：面对边缘性人格障碍的挑战》

了解人格障碍

根据《精神疾病的诊断与统计手册》(2004)，人格障碍应该具备以下特征：

- ☐ 明显偏离了个体所在文化应有的持久的内心体验和行为类型
- ☐ 普遍而且顽固（不可能改变）
- ☐ 长时间内稳定不变
- ☐ 导致痛苦或令人际关系受到损害

> 边缘性人格障碍是患者罹患的疾病，而不是他们的本质。

人格障碍的确切标准之一是，会令患者本人和他身边的人都感到痛苦。由于对边缘性人格障碍的描述非常负面，被诊断患有这种病症的患者通常都会感到屈辱。重要的是，我们要时刻牢记，边缘性人格障碍和罹患边缘性人格障碍的人不是一回事。

然而当你和边缘性人格障碍患者一起生活时，很难将边缘性人格障碍这种疾病与患者本人分辨清楚。边缘性人格障碍是会痊愈的。

从根本上说，唯一能够控制边缘性人格障碍患者的思想、感受和行为的，只有患者本身。理解这一点，对于边缘性人格障碍患者是否能够痊愈至关重要——对于你也同样重要。

边缘性人格障碍的诊断标准

《精神疾病的诊断与统计手册》(2004)中,边缘性人格障碍的诊断标准如下:

一种开始于成年早期并出现在各种情境中的普遍行为模式,表现为不稳定的人际关系、自我意象、情感(情绪),同时具有明显的冲动性,至少包括下面九项中的五项:

1. 疯狂地努力避免真实或者想象中被抛弃的可能性。注意:不包含第五项中提及的自杀或者自残行为。

2. 一种不稳定且紧张的人际关系,主要特征是在对他人的极端理想化与极端贬低之间交替变化(分裂)。

3. 认同障碍:持续明显不稳定的自我形象和自我感知以及长期感到空虚。

4. 至少在两个方面存在可能导致自我伤害的冲动行为(例如,挥霍无度、性滥交、药物滥用、行窃、飙车、暴饮暴食等)。注意:不包含第五项中提及的自杀或者自残行为。

5. 反复发生的自杀行为、自杀企图或自杀威胁以及自残行为。

6.因显著的情感反应导致的情绪不稳定性（例如，强烈的阵发性烦躁不安、易怒或者焦虑，通常持续数个小时，很少超过几天）。

7.长期感到空虚。

8.不合宜且强烈的愤怒或难以控制的愤怒（例如，频繁表现出愤怒、经常生气、反复与人发生肢体冲突等）。

9.短暂的、与压力应激有关的偏执、妄想或者严重的解离症状。

> 烦躁不安是"欣快感"的反面，是抑郁、焦虑、愤怒和绝望的综合表现。

我们将进一步解释这个诊断标准，并会提供来自于边缘性人格障碍患者和家属的真实案例。在本书中，我们将"认同障碍"和"感觉空虚"（第三条和第七条）放在同一章节中阐释，因为我们认为它们之间是有关联的。本书中还将自杀与自残（第五条）分开来讲，因为我们认为它们的动机不同。

1. 疯狂地努力避免真实或者想象中被抛弃的可能性

想象一下，如果你是一个小孩，在纽约最繁华的泰晤士广场迷了路，孤零零的你会有多恐惧。妈妈前一秒钟还在你身边，牵着你的手，突然间人潮就把她席卷而去。你环顾四周，惊恐地想要找到她。

这就是边缘性人格障碍患者几乎每时每刻都有的感受：他们一想到独自一人就会觉得孤立、焦虑、恐惧。那些有同情心、乐于助人的人会带给他们温暖。但如果他们的某些做法让边缘性人格障碍患者误以为他们打算离开的话，就会引发恐慌与对抗。边缘性人格障碍患者会大发雷霆或者苦苦哀求所爱的人留下来。

鸡毛蒜皮的小事都可能会让边缘性人格障碍患者产生被抛弃的恐慌，比如一位边缘性人格女士会阻止她的室友离开合租的公寓去洗衣店。这种恐慌感也许会强烈到足以完全淹没边缘性人格障碍患者。例如，一位男士告诉他的边缘性人格障碍患者妻子，自己可能患上了不治之症，妻子却因为丈夫要去看医生而大发雷霆。

如果边缘性人格障碍患者在童年期缺乏关爱，或者是在一个极不健全的家庭中长大，他将学会通过"否认"或者"压抑"来应对被抛弃的恐惧。日积月累之后，他就再也感受不到自己最原始的情绪。当你身边的边缘性人格障碍患者烦躁不安或者大发雷霆时，不妨先想想是否发生了什么事情，以致引发了他对被抛弃的恐惧。

阿明（非边缘性人格者）

如果我下班回家晚了五分钟，我的妻子就会打电话问我在哪儿。她总是不停地给我打电话。我没法儿再跟朋友一起出门了，因为她的反应非常强烈，就连我看电影的时候她也会不停地打电话。这让我压力很大，我已经不再跟朋友们一起出去了，除非她愿意跟我一起去。

苔丝（边缘性人格者）

当我觉得自己被抛弃时，内心就会充满了交织着孤立、恐惧和错乱的感觉。我惊恐万状，觉得自己被背叛、被利用，觉得自己可能快死了。

一天晚上，我给男朋友打电话，他说他正在看电视，等会儿给我回电话，所以我就熨衣服打发时间。但他一直都没有打电话给我。我等啊等，他还是没有打电话。这种被抛弃的恐怖感觉再次袭来。这让我伤心欲绝，因为就在前天我才开始相信他是真心爱我的。

晚上10点，电话铃终于响起，而我决定和他分手，我要在他甩掉我之前先甩了他。而他这时候居然还在看电影。我觉得自己太可笑了，但是那种痛苦、恐惧和内心如焚的感觉却是真实的。

> 有时候边缘性人格障碍患者会非常坦率地告诉你，他们害怕被抛弃。但是更多的时候，这种恐惧会通过其他方式表现出来，比如勃然大怒：觉得自己受到了伤害、无法自控，都会引发边缘性人格者的怒火。

2. 一种不稳定且紧张的人际关系，主要特征是在对他人的极端理想化与极端贬低之间交替变化（分裂）。

边缘性人格障碍患者期望别人会给予他们自己得不到的东西，诸如自尊、认可和同一感。最重要的是，他们一直在寻找能够关怀照料自己的人，这个人能够给予他们无尽的爱和怜悯，以此来填充他们内心的空虚和绝望的黑洞。

贝弗莉（边缘性人格者）

通常，当我接近每一个看似友善的人时，都深切地希望他们会爱护我。然而我慢慢地发现，没有人能够如我所愿地关爱我，因为我虽然觉得自己的内心仍然是一个孩子，但我的外表看上去已经是个成年人了。

边缘性人格障碍患者内在的需求会给所有的亲密关系带来压力,即便当父母是非边缘性人格者,孩子是边缘性人格障碍患者时也是这样。

罗伯塔(非边缘性人格者)

养育我那患上边缘性人格障碍的18岁女儿,是一份全天24小时无休的工作。她抑郁,需要抚慰。在日常小事上,她都需要别人帮助才能想出解决的办法。她总是哭泣,或者自残,让自己流血。我非常爱她,但却不知道该怎么办。我把所有时间和精力都放在了她身上,我其他的孩子对此都是满腹牢骚。

> 边缘性人格障碍患者期望别人会给予他们自己得不到的东西,诸如自尊、认可和同一感。

对于边缘性人格障碍患者来说,失去一段亲密关系就好像是失去一条胳膊或者一条腿,甚至像是失去了生命。同时,他们极为自卑,确实不能理解为什么有人愿意和自己在一起。边缘性人格障碍患者极端敏感,总是在寻找一切蛛丝马迹,来证明他们所在意的人其实根本不爱自己,打算抛弃自己。当他们的担忧貌似找到了佐证时,他们就会:

- ☐ 勃然大怒
- ☐ 指责对方
- ☐ 哭泣

☐ 伺机报复

☐ 伤害自己

☐ 有外遇

☐ 做其他伤害性的行为

这就让我们看到了边缘性人格障碍最为主要的矛盾：边缘性人格障碍患者极度想要接近别人，与人建立起亲密无间的关系。但是他们的所作所为通常都会让人退避三舍。想象一下，这对你来说有多痛苦。再想象一下，这对于边缘性人格障碍患者而言又会是什么样。你还可以停下来休息一下，逃避一会儿，比如去参加一个聚会、读一本书、在海滩上散一会儿步等等。但是边缘性人格障碍患者却只能终日忧虑、惶惶不安。

了解分裂

很多边缘性人格障碍患者都会在极端的理想化和贬低之间波动。这种状态叫作"分裂"。

> 边缘性人格障碍患者通常会感觉他人要么是邪恶的巫婆，要么是仁慈的圣母；要么是恶魔，要么是圣人。当你能够满足他们的需求时，他们就会觉得你是超级英雄；但当他们觉得你无法满足他们时，你就会变成大坏蛋。

> 边缘性人格障碍患者极度想要接近别人，与人建立起亲密无间的关系。但是他们的所作所为通常都会让人退避三舍。

由于边缘性人格障碍患者很难将一个人的好处和坏处综合到一起,因此他们对于一个人当前的看法主要基于双方最近的一次互动——就像金鱼的记忆只有7秒一样,他们也只有短期记忆。

《我恨你——别离开我》(1989)和《有时我会发疯》的作者杰罗尔德·克里斯曼这样解释分裂:

正常人也是充满矛盾的,能够在同一时间体验到两种对立的心理状态;而所谓边缘性人格的特性就是反复变化,当他处于一种心理状态下时,完全无法体会到另外一种心理状态……边缘性人格者像孩子一样情绪化,他们无法忍受他人的前后不一、模棱两可;他也无法将他人的优点和缺点综合在一起,稳定连续地去看待一个人。在任何一个具体的时刻,一个人或"好"或"坏",没有中间过渡的灰色地带。哪怕是确实存在细微差别和明暗分界,他们也很难辨识出来。

> 当出现问题时,边缘性人格障碍患者会认为只有唯一一种解决的方法。

非黑即白的思维不仅会出现在边缘性人格障碍患者的亲密关系中,还会存在于他们生活的其他方面。当出现问题时,边缘性人格障碍患者会认为只有唯一一种解决的方法。只要采取了行动,那就毫无转圜的余地。例如,当一位患边缘性人格障碍的女士被分配了一份她不喜欢的工作,她的解决方法就只有辞职。边缘性人格障碍患者做事也可能是非黑即白。例如,一位患边缘性人格障碍的大学生由于太投入社团活动,导致他的所有科目都不及格,结果在下一个学期,他为了好好学习,就彻底放弃所有的社团活动。

难以界定的人际关系。 边缘性人格障碍患者认为，人际关系必须区分得一清二楚。有些人不是他们的朋友，就是他们的敌人；不是热情的爱人，就是纯洁的朋友。这就是边缘性人格障碍患者在与情人分手之后很难成为柏拉图式的朋友关系的原因之一。边缘性人格障碍患者不仅仅要求与他人之间区分清楚，他们也会用非黑即白的眼光来看自己。理查德·莫斯科维茨在他撰写的关于边缘性人格的自助图书《迷失镜中：从内部视角看边缘性人格障碍患者》（*Lost in the Mirror: An Inside Look at Borderline Personality Disorder*，1996）中写道：

你（边缘性人格障碍患者）也许在努力地追求完美，有时候也会感觉自己已经达到了完美，然而只要出现了最细小的失误，你就会谴责自己。当你感觉很好时，就觉得自己理应得到特殊对待，可以不用和其他人一样遵守规则。你觉得自己有权得到任何想要的东西，有权得到一切对自己有利的东西。

应对分裂。 想要满足边缘性人格障碍患者所有的需要和期待是绝对不可能的。一旦你打算去满足他们的需要时，他又会想要别的。一天之内，你的角色可能会在英雄和坏蛋之间变来变去；或者在几年之内，边缘性人格障碍患者对你的看法都在圣人与罪人之间来回打转。有时候，如果边缘性人格障碍患者确认了"旧爱"不再完美，就会去另寻"新欢"，然后再和新欢重新开始这种死循环。

> 边缘性人格障碍患者坚信自己的感受与信念是绝对正确的，不管这些扭曲的感受与信念是积极的还是消极的。因此，你的任务就是坚持用一致而平衡的观点来看待自己，不用在乎边缘性人格障碍患者对你是举高、踩低还是置之不理。

从某种程度上说，由于长期分裂，边缘性人格障碍患者——尤其是那些在童年时受过虐待的人——会极难信任别人。这种信任感的缺失导致他们在亲密关系中总是发生冲突。比如，当他们视你为恶棍时，就会指责你根本不爱他们或者发生了外遇。

在这种情况下，非边缘性人格者通常会努力去表现自己是值得信任的，然而并没有什么用。这是因为不信任感已经根植于边缘性人格障碍患者的内心，与非边缘性人格者的某些行为无关。

《带我逃离：我的边缘性人格障碍痊愈之路》（*Get Me Out of Here: My Recovery From Borderline Personality Disorder*，2004）的作者蕾切尔·赖兰在一封电子邮件中这样写道：

> 我总是会对某种东西产生难以满足的渴求，我自己也不知道那是什么，只好称之为需求的无底洞。这种东西让我不敢接近任何人，担心他们发现我是这么差劲，这么不正常。所以我用很多副面孔掩饰自己。我有很多朋友，但跟任何人都不算亲密。一旦我放松戒备，也许就会有一位朋友发现我是多么古怪，然后就会逃之夭夭……无所谓，我还有别的朋友呢。
>
> 但是现在，一份爱情闯进了我的生活。这太冒险了，和一个人在一起意味着太多东西。这次和以往不同，那家伙也需要我。那么也许这次是安全的。请和我在一起吧。日日夜夜，看着我，听我说。我在这里，你在看我吗？我在这里！我在这里……哦，这真是不可思议！总算有个人能够满足我的一切需要！多么令人欣慰！
>
> 嘿，等一下！他在抗拒！他说他想要安静地看会儿电视，说他还有别的事情要做。那现在我该怎么办？哦！我太失败了……该死的。我恨这家伙！我放下了自己的戒备，难道他不明白这对于我来说有多么困难吗？他怎么能觉得看电视比和我说话更重要？他怎么

能觉得和朋友出去比留下来陪我更重要？他怎么能够发现我是这么一个混乱不堪的人？我大发雷霆，难堪得无地自容。我的遮羞布都被撕扯开来，他已经发现了我的欲壑难填。

太尴尬了，我痛斥他。我要让他也尝尝这滋味！嘿，哥们儿，你猜怎么着，我才不在乎你呢。去你的，一边儿去！我暴怒，我吼叫，直到自己精疲力竭地倒在地上。等我清醒过来后，发现自己深深地伤害了他，我从来没有这么恨过我自己。我怕得要死，因为我知道他一定会离开我。我是这么脆弱，我一点都不坚强。请不要离开我，我真的需要你！我怎么才能让你明白？

我哭泣，我乞求，我告诉他他是多么好的一个男人，他的胸怀是多么宽广。我知道你恨我！你肯定是恨我的！我还是死了的好！没有了我你会过得更好！对，我说真的，我觉得我应该去死……他有所缓和。哦，拜托，让我来补偿你吧。让我们随时随地地释放爱意！让我向你展示我最激情的一面。哦！他回心转意了。他仍然在我身边。感谢老天，我没有彻底地搞砸一切。和他在一起感觉太美好了。他关心我，我需要他。

当这种事情一而再、再而三地重复时，我意识到自己已经造成了不可弥补的伤害，我终于确信自己无法再挽回了。不管他是不是也得出了同样的结论，我果断结束了这段感情，另寻新欢。然后又把这可怕的故事重头演绎了一遍。

3.认同障碍：持续明显不稳定的自我形象和自我感知以及长期感到空虚

在人们二三十岁的时候，自我形象通常就已经非常稳定了。有些人会在四十多岁时体验到所谓的中年危机，质疑自己曾经做过的选择。但是大部分人都会认为,某些事是理所当然的,比如我们的好恶、价值观、宗教信仰、在重大事件中的地位以及职业选择。

缺乏自我感知

但是,边缘性人格障碍患者的探究却从未结束。他们缺乏对自己基本的认知,也缺乏对他人的统一认知。没有可依靠的自我认知,他们就像是在暴风雨中航行的船只甲板上的乘客一样,步履跟跄,东倒西歪。他们急切地四下寻找救命稻草,但只看到其他乘客都穿着救生衣,为了生命安全紧紧地抱住船栏杆。在又一个巨浪拍打甲板时,为了宝贵的生命,他们只得和其他人一起死死抓住栏杆不放。但是救生衣仅供一人穿戴。栏杆也禁不住两个人的重量,开始摇摇欲坠。

罗伯特·沃尔丁格在他的作品《精神分析学概念在诊断边缘性人格障碍中的作用》(*The Role of Psychodynamic Concepts in the Diagnosis of Borderline Personality Disorder*,1993)中讨论过关于"同一性扩散"的问题,同一性扩散会导致空虚感:

同一性扩散指的是边缘性人格障碍患者极为深刻而频繁的恐惧感,他们不知道自己是谁。通常,我们会随着时间推移,在不同的环境中,通过不同的人,感受到一个持续统一的自我。而边缘性人格障碍患者却无法体验到这种自我的连续性。

相反,边缘性人格障碍患者的自我形象充满矛盾,他们无法将其整合为一体。患者通常自述:

☐ 感觉内心空虚

☐ 感觉"一切对我毫无意义"

- ☐ 感觉他们自己是什么人取决于他们和什么人在一起

- ☐ 需要依靠他人提示应该如何行动、如何思考、如何做自己

- ☐ 在独处时，感觉不到自己是谁，或者感觉自己根本就不存在

- ☐ 在独处时感到恐慌和厌倦

内心空虚感和混乱感使得边缘性人格障碍患者需要依赖他人提示，才知道应该如何行动、如何思考以及如何做自己；然而当他们独处时，感觉不到自己是谁或者感觉不到自己的存在。在某种程度上，这正是那些边缘性人格障碍患者疯狂而冲动地避免独处的原因，就像他们自述的恐慌、压倒性的厌倦和分离感一样。

永远都不够好。一个边缘性人格障碍患者不仅很难自我界定，还会觉得无论自己是谁，都永远不够好。

> 一些边缘性人格障碍患者在事业上会极端成功。他们会因为事业上的成就在家族和社会上赫赫有名。但他们常常会觉得自己就像是背诵台词的演员，当观众离场回家后，他们也就不存在了。

边缘性人格障碍患者：

- ☐ 他们的自我价值来自自己最近取得的成就（或一事无成）

- ☐ 要求自己和要求他人同样严苛，所以无论怎么做都永远不够好

- ☐ 将自己看作无助的受害者，即便有些苦果根本是他们自作自受

受害者的角色。例如，在团体治疗中，一位边缘性人格男士诉苦说，他的房东把他赶出来，让他无家可归。团体成员用了二十分钟来安慰他，然后询问他为何会发生这样的状况，结果证明是这位男士违反了多条公寓住宿守则，甚至占用了房东的停车位。另外一位边缘性人格女士则反复殴打她的丈夫，自己有数不清的风流韵事；还将毒品放入丈夫的行李箱中，令他因私藏毒品含冤被捕。最后，她申请离婚。她的前夫开始和他的女同事恋爱，然而这位女士向朋友们讲述离婚事件时，却告诉大家是前夫为了女同事而抛弃自己。这两位边缘性人格障碍患者都不肯承认他们在这种情况下起到了什么样的作用。

他们为什么这样做？

☐ 一些边缘性人格障碍患者扮演受害者的角色是为了博取他人的同情和关注

☐ 一些边缘性人格障碍患者扮演受害者的角色是为了获取自我身份认同

☐ 受害者角色会让边缘性人格障碍患者产生一种幻觉，觉得他们无须为自己的行为负责

☐ 一些曾经受过虐待的边缘性人格障碍患者会重演过去的经历

守护者的角色。另外一个在边缘性人格障碍患者之中常见的角色是帮助者或者守护者。这种更为正面的角色能够帮助他们为自己获得身份认同、提高自控感、减少空虚感。

萨莉亚（边缘性人格障碍患者）

我具有一种变色龙般的能力，能够呈现出和我相处的人一样的"色彩"。但是这种行为与其说是欺骗别人，不如说是用来欺骗我自己。哪怕是暂时的，我真的成了自己想做的那个人。

我不是一个不择手段、喜欢操纵别人的人，我也不会把破坏别人的生活当作乐趣。这种模仿别人的行为，我自己甚至都意识不到。这种状况持续了很久，以至于现在我都不知道我究竟是谁。我觉得很不真实，就像个冒牌货。假如我真的能够控制这种模仿能力，那只要我感觉受到威胁的时候，就可以直接变回"我自己"。但我也不知道"我自己"究竟是谁。

4. 至少在两个方面存在可能导致自我伤害的冲动行为（例如，挥霍无度、性滥交、药物滥用、行窃、飙车、暴饮暴食等）

如果可以的话，每个人都渴望能够放纵自己：吃掉盒子里的每一块巧克力，漂亮的新款毛衣一种颜色买一件，或者在新年的时候畅饮香槟，尽情欢乐。大部分人都具有不同的能力去控制自己的内心冲动，延迟满足。他们会意识到放纵带来的长远后果——比如体重增加、信用卡刷爆或者令人痛苦的宿醉。

但是边缘性人格障碍患者的特点就是冲动，甚至不顾一切后果。

> 为了填补空虚感，为自己创造一种身份认同，边缘性人格障碍患者甚至还会故意去做冲动行为：诸如暴饮暴食和餐后催吐、性滥交、盗窃、挥霍无度地购物、酗酒或者滥用药物。

边缘性人格障碍与物质滥用障碍通常并行不悖[1]。另外一项研究[2]表明，23%的边缘性人格障碍患者同时被诊断为物质滥用。物质滥用的边缘性人格障碍患者们：

- ☐ 很可能不仅仅是药物滥用（最常见的组合是毒品和酒精滥用）
- ☐ 更有可能抑郁
- ☐ 会更频繁地产生自杀企图和发生意外事故
- ☐ 更不容易控制自己的冲动
- ☐ 看起来更有反社会倾向[3]

如果你生活中的边缘性人格障碍患者频繁地吸毒和酗酒，就很难判定哪些行为与边缘性人格障碍有关，哪些行为与物质滥用有关。

5. 反复发生的自杀行为、自杀企图或自杀威胁以及自残行为

自杀行为

根据《精神疾病的诊断与统计手册》（2004），大约有8%~10%的边缘性人格障碍患者企图自杀，这还不包括那些因高风险行为（如醉驾、飙车）导致死亡的边缘性人格者。玛莎·莱恩汉

---

1 奥德汉姆（Oldham）等，1995年
2 林克斯（Links）、斯坦纳（Steiner）和奥佛德（Offord），1988年
3 南斯（Nance）、撒克逊（Saxon）和肖尔（Shore），1983年；林克斯（Links）等，1995年

(M.M.Linehan，1993年）曾经解释过，自杀和其他冲动的、不正常的行为可以视为对抗无法抵挡、无法控制的情感痛苦的手段：

> 当然，自杀是改变一个人（的情绪）最极端的方法……另外，比较不那么致命的行为同样非常有效（改变边缘性人格者的心境）。比如，过量用药通常会导致长时间的睡眠；反之，睡眠对于调节脆弱的情绪具有重大的影响……自杀行为，包括自杀威胁，也能有效地引发来自外界的帮助，能够有效地减轻情感上的痛苦。在许多案例中，这种行为都是患者个人得到他人关注、设法减轻情感痛苦的唯一方法。

托尼（非边缘性人格者）

我的妻子回到家里，绝望地哭泣着，因为她的男朋友抛弃了她。令人难以置信的是，她居然觉得我不应该为她的外遇而愤怒，反而应该支持她，因为她很痛苦。我并没有如她所愿，她就扬言要在我们10岁大的儿子面前自杀。

自残行为

没有自杀企图的自残，是另外一种家人们难以理解的边缘性人格障碍行为。举例如下：

- ☐ 割伤自己
- ☐ 烧伤自己
- ☐ 打断自己的骨头
- ☐ 敲自己的脑袋
- ☐ 针刺自己

- ☐ 划伤自己的皮肤
- ☐ 拔下自己的头发
- ☐ 揭破自己的疮疤

> 有时候，危险或者无法自控的行为也是一种自残。比如，暴饮暴食导致肥胖或者挑衅斗殴等。

自残也是边缘性人格者的一种应对机制，用于释放或者控制无法应对的痛苦感受——通常是羞愧、愤怒、悲伤和被抛弃感。自残会令肉体释放出一种被称为β-内啡肽的麻醉剂，这种化学物质能够令人产生综合性的快感。

边缘性人格者自残的理由多种多样，包括：

- ☐ 为了感觉自己还活着，减少麻木和空虚感
- ☐ 为了麻痹自己
- ☐ 为了表达对他人的愤怒
- ☐ 为了惩罚自己或者表达自我厌恶（这种情况更常见于那些曾受过虐待的边缘性人格者）
- ☐ 为了以某种方法证明他们并不像自己想的那样"坏"
- ☐ 为了减轻压力或焦虑
- ☐ 为了感觉到自己的痛苦是可以控制的
- ☐ 为了找回真实感

- ☐ 为了感觉"真实"
- ☐ 通过将注意力集中于肉体的痛苦上,来减轻情感痛苦、挫折感和其他负面感受
- ☐ 为了向他人表达痛苦的情绪或寻求帮助

这里有一些边缘性人格者对于自残的描述:

- ☐ "说实话,我觉得这样做才会有人注意到我确实需要帮助。"
- ☐ "当我割伤自己时,就不用再去解释我感觉多糟糕了。我已经表现出来了。"
- ☐ "当我对某人感到愤怒时,我就想要打击、伤害或者杀掉他们。但是我知道我不能真的去伤害别人。所以我就通过割伤自己或者扯下自己的头发来发泄怒火。这样做我会感觉好一些,但过后我就会为自己感到羞愧,希望自己从未这么做过。"
- ☐ "我父亲不再虐待我之后,我就得做点什么来弥补那些突然消失的痛苦。"
- ☐ "对我来说,疤痕只不过是我父母在我身体上创作的图画。"

> 自残可能会上瘾,就像抽烟一样,那种想要自残的欲望就和一个老烟民想再抽一根烟的渴望同样强烈。

自残可能是预先计划好的,也可能是冲动之下发生的。它也许是一种有意或无意的行为,有点类似一个人在蒙眬中并没有意识到自己正在做什么。他们在伤害自己的时候也许会感到疼痛,也许不

会。有些人会隐瞒自残行为，一般会把受伤的部分藏在衣服里面。有些人甚至学会了缝合伤口，这样就无须就医，也不至于暴露自己的秘密。还有一些人则更乐于展示他们自残的成果，也许因为这是一种寻求帮助的方式，或者一种传达痛苦的途径。

边缘性人格障碍患者通常都十分清楚他们自残的原因。但即便是在理智上明白，也无法轻易地停止这种做法。自残可能会上瘾，就像抽烟一样，那种想要自残的欲望就和一个老烟民想再抽一根烟的渴望同样强烈。

有一种误解是，所有的边缘性人格障碍患者都会自残或者自杀。但是很多高功能边缘性人格者并不会如此。然而，有自残行为的边缘性人格者反而可能会比不会自残的患者更频繁地寻求专业人士的帮助。

6. 因显著的情感反应导致的情绪不稳定性（例如，强烈的阵发性烦躁不安、易怒或者焦虑，通常持续数个小时，很少超过几天）

大部分人感觉不好的时候，能采取一些方法调整心态，也能够在一定程度内控制一下情绪，不致对人际关系产生较大影响。但是边缘性人格障碍患者很难做到这一点。在几个小时内，他们的情绪可能会从暴怒到抑郁，从抑郁到烦躁，从烦躁到焦虑，如此反复变化。非边缘性人格者们总是会被这种无法预料的状态搞得身心俱疲。

蒂娜（非边缘性人格者）

和边缘性人格丈夫一起生活，就好像上一分钟身在天堂，下一分钟身在地狱。我把他的双重人格称作"快乐的杰克和恐怖的海德"[4]。我就像行走在蛋壳上一样,想方设法去讨好他,而他可能仅仅因为我开口太早、语速太快、语调不对、表情不好就会大发雷霆。

7. 长期感到空虚(见第 36 页第三条)

8. 不合宜且强烈的愤怒或难以控制的愤怒(例如,频繁表现出愤怒、经常生气、反复与人发生肢体冲突等)

如果你关爱一位边缘性人格障碍患者,可能会非常熟悉这一特点。

边缘性人格者的愤怒通常是强烈的、不可预测的、不合逻辑的。它就像滔滔而来的洪水、一场突发的地震或者一道夏日的闪电,来得快去得也快。

不过,一些边缘性人格者遇到了相反的问题:他们觉得根本无法表达出自己的愤怒。在玛莎·莱恩汉(1993a)的文章中写道,那些无法表达出愤怒的边缘性人格者"担心自己如果表现出一点点愤怒就会失控,而有时候他们则害怕哪怕是表达出一丁点儿愤怒都会招致报复"。

简·德雷瑟护士的工作就是护理边缘性人格障碍患者,在一次采访中她告诉我们,边缘性人格障碍患者的所有情绪都非常激烈,

---

[4] 参见小说《化身博士》,意为有善恶双重人格的人。——译者注

而不仅仅是愤怒。她推论说,《精神疾病的诊断与统计手册》中特别强调愤怒,是因为对于和边缘性人格者关系亲近的人来说,愤怒是导致大部分问题的最典型情绪。

莱恩汉对这一说法表示赞同,她也常常说边缘性人格障碍患者就像是身体90%受损的三度烧伤患者,缺少情绪的"皮肤",最轻微的触碰和动作都会为他们带来极大的痛苦。

> 如果你经常遭到边缘性人格障碍患者口头或者肢体方面的攻击,一定要记住,即便是有经验的心理健康专家有时也会亲身体验到边缘性人格者的愤怒,并被搞得狼狈又沮丧。我们将会在第8章解释应该如何采取措施保护自己。

杰里米(边缘性人格障碍患者)

当我无法控制局面时,就会感到紧张不安和愤怒。当我感到压力很大时,状况会变得更糟。一旦受到刺激,我就会瞬间从极端冷静变得出离愤怒。

我认为自己的暴躁来自儿时受虐待的经历。在某一时刻,我决定不再忍受父母的虐待,以暴制暴就成为生存的关键。

所以,现在对我来说,关心其他人的感受是非常困难的。事实上,我希望伤害他们,因为他们伤害了我。我知道这听起来很不好,但是在情感爆发时我就是这种感觉。我只想用我知道的最好的方式活下去。

劳拉（边缘性人格障碍患者）

我认为边缘性人格障碍患者只关心一件事：失去爱。当我觉得走投无路时，就会非常害怕，只能通过发怒来表达恐惧。愤怒比恐惧感觉稍微好一点，让我觉得自己没那么脆弱。我会在受到伤害前就先发制人。

当我发脾气时，世界上任何理智的理解都无济于事。唯一有所帮助的就是丈夫对我说："我知道你是害怕而不是生气。"在那一刻，我所有的愤怒都会消失无踪，我会再度感受到内心的恐惧。

而真正的愤怒，就像普通人在面对不公待遇时所感受到的那种愤怒，我是感受不到的。因为首先你需要有自我。而我并没有"自我"这种东西，或者可能是我把自我埋藏得太深，连自己都无法触及，所以我也感受不到愤怒。

9. 短暂的、与压力应激有关的偏执、妄想或者严重的解离症状

你是否曾经在下班回到家之后，却完全不记得自己是怎么回来的？你是否曾经无数次走过同一条路，以至于双眼放空，单凭大脑的条件反射就可以开车经过？这种"神游"的感觉就是一种极轻微的解离症状。

然而，具有严重解离症状的人会感觉不真实、陌生、麻木或者超然。在他们"神游"的时候，不一定能准确地记住到底发生了什么。解离的程度各不相同，从前面说过的心不在焉地开车回家，到以多种人格障碍为特征的极端解离，现在被称为"分离性身份识别障碍"。

边缘性人格障碍患者也会通过不同程度的解离症状来逃避痛苦的感受或处境。压力越大的情况下，患者就越可能出现解离症状。在极端的案例中，边缘性人格障碍患者甚至会在短时间内丧失与现实世界的一切联系。如果你生活中的边缘性人格者在和你一起回忆某个共同经历时，想起的内容与你不同，解离就是一个很有可能的原因。

> 压力越大的情况下，患者就越可能出现解离症状。

凯伦（边缘性人格障碍患者）

有时候我觉得自己就像一个在机械运动的机器人。一切看上去都不真实。我的眼睛被迷雾笼罩，我周围就像是在播放一幕电影。我的心理医生说我看起来失魂落魄，就像迷失在某个地方，就连她也找不到我。当我回过神来后，人们会告诉我我说过什么，做过什么，而这一切我都不记得。

其他边缘性人格障碍的特征

边缘性人格障碍患者还有一些其他特征，在《精神疾病的诊断与统计手册》上没有定义出来，但是研究者们都认为这些特征很常见。许多特征都与边缘性人格障碍患者在早年曾经遭受到的性虐待或者身体虐待有关。

无所不在的羞耻感

约翰·布雷萧的作品《治愈束缚你的羞耻感》(*Healing the Shame That Binds You*, 1998) 并不是关于边缘性人格障碍的，然而他解释说，不良的羞耻感和由此引发的感受与行为也集中体现在边缘性人格障碍上。布雷萧写道：

不良的羞耻感是一种全方位的感受，即作为一个人，我是有缺陷的、不完美的。它不再是一种用于约束我们行为的情感；而是一种存在状态，一种核心标识。不良的羞耻感会让你觉得自己无价值、被孤立、空虚，并且单独地处于上述某种极端的感受中。自我暴露是不良羞耻感的核心。一个满怀羞耻感的人会小心戒备，不向他人展露自己的内心；更重要的是，他也会抗拒向自己展露内心。

布雷萧认为这种羞耻感是下列问题的根源：

☐ 愤怒

☐ 批评与苛责他人

☐ 照顾与帮助他人

☐ 互相依赖

☐ 成瘾行为

☐ 过度讨好他人

☐ 进食障碍

在边缘性人格障碍患者典型的非黑即白的模式中，他们要么充满羞耻感，要么面对自己和他人都断然否定有羞耻感。对于很多非边缘性人格者来说，羞耻感同样是个核心问题，对于那些仍在忍受着虐待的人来说尤其如此。

不明确的边界

不管是对自己还是对他人，边缘性人格障碍患者都很难设置与恪守个人边界。

汤姆（边缘性人格障碍患者）

我从小到大都认为完美的亲密关系不应该有任何边界。边界仅仅意味着人和人之间的裂痕。边界意味着我不得不孤身一人、和人分离，成为一个单独的个体。我并不觉得作为一个单独的个体有什么好。我需要的是要么就完全融为一体，要么就完全孤独一人。

我们将会在第 6 章对边界问题进行更进一步的探讨。

控制问题

边缘性人格障碍患者需要感觉自己能够完全控制他人，因为他们觉得完全无法控制自己。另外，他们会试着让自己的世界更容易预测，更容易管理。边缘性人格障碍患者会无意识地试着去控制其他人，他们常常使用的方法是，把他人置于一种必败的境地，创造一种无法厘清的混乱，或者是反过来指责他人试图控制自己。

另一些边缘性人格障碍患者则恰恰相反，为了应对失控感，他们会尝试放弃自己的力量：例如，他们会选择一种完全不需要做出个人选择的生活方式，比方说加入军队或者宗教；又或者他们会选择与通过恐惧来控制他人的施虐者结盟。

布雷萧相信羞耻感同样会导致过度控制：

那些必须控制一切的人，其实是害怕表现出脆弱。为什么？因为将自己的弱点显露出来是一种羞耻。控制是一种方式，确保没有人可以来羞辱自己。这种行为不仅包括控制我们自己的思想、表情、感受和行动，还包括尽力去控制他人的思想、感受和行动。（布雷萧，1998 年）

缺乏客体恒常性

当感到孤独时，大部分人都可以通过回忆其他人带给我们的关爱来抚慰自己。即便是思念的人身在远方，甚至已经不在世间，这种回忆也会让人感到安慰。这种能力就叫作客体恒常性。

可是，有些边缘性人格障碍患者在感到不安或者焦虑时，却很难通过回忆所爱的人来抚慰自己。如果回忆的对象不在眼前，也就不会存在于情感层面。边缘性人格者会频繁地给你打电话，只是为了确保你仍然存在，仍然关爱他们。

> 为了帮助边缘性人格障碍患者更好地理解和应对被抛弃的恐惧，最好让他们随身携带一张你的照片，或者带着某样你送给他们的信物，来提醒他们你的存在；同样的道理，孩子们带着玩具熊或者小毯子，也是为了提醒自己父母对他们的爱意。使用书信、照片、香水（气味可以让边缘性人格者回想起他们的伴侣）都是非常典型的方法。这些方法可以帮助边缘性人格障碍患者减轻焦虑和恐慌。一般来说，这种做法也能够让边缘性人格障碍患者不再那么"黏人"，让非边缘性人格者能够松口气。

人际关系敏感

某些边缘性人格障碍患者具有令人吃惊的能力，能够读懂他人的内心，找出他们的敏感点和脆弱点。一位临床医生开玩笑般地将这些边缘性人格障碍患者称为"读心者"。

边缘性人格障碍患者通常会用这种敏感的能力去辨别并利用他人的社会性、非语言性的蛛丝马迹，能够完美地与他人共情，能够理解和尊重他人的感受，并且利用这种技能"看透他人"。

作为成年人，边缘性人格障碍患者不断地利用自己的社会性直觉去发现其他人的敏感点和脆弱点，以便在不同情况下为自己谋利。与边缘性人格障碍患者共处过的心理医生们可以证明，边缘性人格障碍患者具备一种"天赋",能够探知自己的医生当天的状态(比如,疲倦、忧虑、伤心、愤怒等),并且会在面谈过程中反复提及。

情境能力

一些边缘性人格障碍患者非常有能力,在某些情况下掌控得当。例如,很多人能够完美地完成工作并且取得极高的成就;很多人非常聪明、有创造力并且有艺术天分。对于亲友们来说这非常让人困惑,不明白为什么这些边缘性人格障碍患者在一种情境下表现得极为自信,在另外一种情境下却一塌糊涂。在困难情境中表现极佳,却在看似相同甚至更加简单的情境中表现糟糕,这就叫作情境能力。

一位患边缘性人格障碍的女士说:"我们心中都深知自己是有缺陷的。所以我们尽最大努力去表现得自然,因为我们非常希望能够取悦每一个人,好让我们身边的人不要抛弃我们。"但是这种能力也是一把双刃剑。因为这些高功能边缘性人格障碍患者能够表现得如此自然,所以他们就更不容易得到所需的帮助。

> 边缘性人格障碍患者能够完美地与他人共情,能够理解和尊重他人的感受。

自恋需求

一些边缘性人格障碍患者经常会把人们关注的焦点拉回到自己身上来。他们对大部分事情做出的反应,仅仅取决于这些事情如何影响到自己。另一些边缘性人格障碍患者会通过抱怨病痛的折磨为自己引来关注，还有一些患者则会在公众场合做出不当行为。这些以自我为中心的特征就是自恋的一部分；自恋行为令非边缘性人格者不堪重负，因为边缘性人格障碍患者甚至根本意识不到自己的行为对他人产生了怎样的影响。大约有25%的边缘性人格障碍患者同时也会有自恋型人格障碍。

杰克（非边缘性人格者）

我母亲把我、我的兄弟和我父亲都看作她本人的附属部分。我的所有人际关系都与她有关，都受她影响。要么就是她站在母亲的位置，对我的人际关系产生或好或坏的影响；要么就是她为了得到情感支持和认可，不惜在其他人面前贬低我。

我母亲把我所有的朋友都视为威胁，不遗余力地破坏我的友谊。她唯一能够"接受"的是那些根本不可能真正和我成为密友的人，比如和我们信仰不同的人（我们是非常传统的保守派家庭）。

操纵还是孤注一掷

非边缘性人格者常常会觉得被关爱的边缘性人格者操纵和欺骗，这也不是什么秘密。换句话说，他们觉得自己被控制、被利用，对方的手段无非是威胁、制造必败的局面、冷战、发怒和其他他们认为不公平的方式。我们相信在大部分案例中，边缘性人格者的行为不是有意去操纵。反之，这种行为可以看作绝望的孤注一掷，用以应对痛苦感受或者满足他们的需求，目的并不是要伤害他人。

非边缘性人格者的观点

苏珊·福沃德在她的作品《情感勒索：助你成功应对人际关系中的软暴力》中，将情感勒索描述为一种直接或者间接的威胁，如果某些人没有做到另外一些人想要的事情，后者就会用这种方式来惩罚前者。"（情感勒索的）关键是一种最基本的威胁，这种威胁可以用多种不同方式表现：如果你不按照我的意思做，你一定会倒霉。"

福沃德解释说，这种手段被各种类型的人广泛应用，而不仅仅是边缘性人格者。使用这种勒索手段的人，能够巧妙地掩饰他们施加于别人身上的压力；被勒索的人则会通过各种方式感受到这种压力，进而怀疑自己对现实的认知是否正确。

几乎所有的非边缘性人格者都表示，他们在生活中总是能感受到边缘性人格者的情感勒索。如果他们没有按照边缘性人格者想要的那样去做，对方就会威胁要断绝关系、报警，甚至是杀掉对方或者自杀。

边缘性人格障碍患者的观点

"操纵"和"情感勒索"这种词语隐含着某种隐晦的、别有所图的意义。尽管对于某些人来说这都是事实，但喜欢操纵他人的边缘性人格者其实并无恶意，通常只是因为恐惧、孤独、绝望、无助而冲动行事。玛莎·莱恩汉（1993年）写道：

> 边缘性人格障碍患者确实会影响其他人，比如用自杀威胁别人，或者用各种方式表达强烈的痛苦和烦恼。但这些行为本身并不能当作操纵他人的证据。否则岂不是说，处于痛苦和危机中的人向我们求助时，只要我们有反应，就是被他们"操纵"了。

我们采访精神科医生拉里·西弗尔时，他说：

尽管（边缘性人格障碍患者）似乎是在操纵别人，但是他们并不会这样看待自己的行为。他们只是试图用他们知道的唯一一种方式来满足自己的需求。有些人必须马上释放出自己的愤怒、焦虑、压力或者即将消亡的感受。他们试图让其他人来安慰他们，让他们感觉好一点。

意识的程度

根据我们的经验，边缘性人格障碍患者对于自己操纵他人的行为能够有多少清醒的认识，是因人而异的。大部分人都是这样。

马哈利（痊愈的边缘性人格者）

我并不是每天都满脑子算计着用什么方法去控制哪个人。我的行为就是为了如何生存下来，如何维持我的身份认同；这些行为并不是早有预谋或者孤注一掷的。

蕾切尔·赖兰（边缘性人格者）

通常我只会在事后才能意识到自己的动机。有一次，因为觉得丈夫在圣诞节忽视了我，我就开始烦躁不安，甚至当着他的面把他刚刚送给我的礼物全部毁掉。就在我试图撕坏我最爱的那一件礼物——一本情诗集时，丈夫阻止了我。我看着这本书，突然间清醒过来，我知道自己从来没想过要毁掉它。我内心更想看到的是我的丈夫尽力阻止我的行为。如果我独居，整件事就不可能发生。至于为什么我要这样做？答案是令人厌恶、羞耻、残酷而且难以接受的。操纵。我深切地感到羞愧。

洛雷（边缘性人格者）

也许其他人会想要去操纵别人，但我只会觉得无能为力。有时候，我会因为别人的劣行受到严重伤害，无论是真实发生的还是我感受到的；有时候我会因为感到被抛弃而深深的绝望、退缩，独自一个人闷闷不乐。一旦到了别人忍耐的极限，他们就会生气，就会厌烦我的喋喋不休，就会离开，再次剩下我一个人，一无所有。

> 理解"操纵"和"孤注一掷"之间的区别十分重要。边缘性人格者的行为更倾向于针对他们自己而不是针对你。例如，将一名边缘性人格者的自残行为看作自我惩罚而不是针对非边缘性人格者的"圈套"，也许会更好。

边缘性人格障碍的现实类型

边缘性人格障碍患者在料理家务、处理工作、解决日常问题、与他人互动等方面的能力各不相同,差异颇大。这种差异正是难以科学地为边缘性人格障碍下定义的原因之一。

在《边缘性人格障碍患者家庭实用指南》(*The Essential Family Guide to Borderline Personality Disorder*,2008)中,本书的另一作者兰迪·克莱格创立了一种现实的研究这些差异的方式。她指出,对于边缘性人格障碍患者来说有三种基本的分类:低功能型"常规"边缘性人格者、高功能型"隐形"边缘性人格者以及处于两者之间的类型。因此,其亲友们面对的挑战也可能各不相同。

主要的低功能型常规边缘性人格者

低功能型常规边缘性人格者更倾向于具备下列特征:

1. 他们会通过自残行为,诸如自残和自杀来应对压力。这种状况的相应术语叫作"对内付诸行动",相反的词语叫作"对外付诸行动",这个词我们将很快解释。

2. 他们会因自毁、严重的进食障碍、物质滥用或者自杀企图而长时间住院。因此，他们会广为治疗者所熟悉，符合最常见的边缘性人格障碍患者的特征。

3.他们会因自己的病症而丧失行为能力，无法工作。有些边缘性人格者已经残疾。

4.他们常常会具备多重的或者共生的人格障碍，例如进食障碍。

5.低功能型常规边缘性人格者的亲友通常会发现，自己面临着层出不穷的危机。他们觉得自己被对方的自残和自杀企图所操纵。然而，由于边缘性人格障碍显然是一种疾病，因此非边缘性人格者通常会得到来自家庭和朋友的理解与支持。

主要的高功能型隐形边缘性人格者

高功能型隐形边缘性人格者与前面相反，更倾向于具备下列特征：

1.高功能型隐形边缘性人格者大部分时间表现得极为正常，至少面对外人而言是这样。他们有稳定的工作，在日常生活中的一般活动表现得毫无问题，这使得他们成为"高功能型"。他们通常只对非常熟悉的人才展现出自己的另外一面。这也正是他们的亲友将之看作双重人格的"化身博士"的缘故。

2.他们用"对外付诸行动"的方式应对自己的痛苦，将之转嫁给其他人，比如发怒、指责、批评、控告、肢体冲突和语言虐待等。与常规边缘性人格者不同，他们一般不会表现出自己的弱点（想想玛丽莲·梦露或者是黛安娜王妃）。

3.尽管这些边缘性人格者与低功能型常规边缘性人格者一样会感到羞愧和恐惧，但是他们会坚决彻底地否认，他们会说："我什么问题都没有，有问题的是你。"而且他们真的坚信这一点。

4.这些边缘性人格者会极力拒绝寻求帮助，除非有人威胁他们断绝亲密关系。这就是对于心理健康组织而言他们是"隐形"的原因。他们并未被算在边缘性人格障碍患者的统计结果之内，甚至可能拉低了真实的数据。

5.如果他们确实去寻求心理咨询师的帮助，那很可能是因为有人对他们下了最后通牒。夫妻疗法一般并不奏效，因为他们总是利用这种方法去试图证明自己是"正确的"，配偶才是"错误的"。

6.这种边缘性人格者的亲友们需要确认自己的认知和感受。并不是很了解边缘性人格障碍的亲友们可能不会相信那些关于愤怒和语言虐待的故事。许多非边缘性人格者告诉我们，当他们描述边缘性人格者的失控行为时，就连他们的心理医生都不相信。

具有双重特征的边缘性人格者

当然，在高功能边缘性人格者（有时候也会被称作"边缘性"边缘性人格者）和低功能边缘性人格者之间具有很大的差异。对于所有类型的边缘性人格者来说，压力过大的生活事件最有可能引发功能失调应对机制。（对于那些并没有罹患这种疾病的正常人来说也是一样的。）

	主要的低功能型常规边缘性人格者	主要的高功能型隐形边缘性人格者
应对方式	对内付诸行动：主要是自残行为，比如自残	对外付诸行动：失控而冲动的愤怒、批评与指责。导致这种状况的主要原因是，患者无意识地将自己的痛苦转嫁给其他人，而非处理人际关系的技巧不足（在传统边缘性人格者身上更常见）

（续表）

寻求帮助的主观意愿	自残和自杀趋势通常会将这些边缘性人格者带到心理健康医疗系统中去（无论是住院病人还是门诊病人）。对于治疗有很大兴趣	讳疾忌医的程度更类似于未经治疗的酗酒者。拒绝为人际关系中的问题承担责任，拒绝接受治疗；在面对问题时，指责对方才是边缘性人格障碍患者。如果受到威胁可能会去看心理医生，但几乎不会严肃对待或者持续不了多久
同时存在（并发）的精神健康问题	具有类似于双相障碍和进食障碍等精神疾病的特征，需要药物治疗并且导致低功能	同时发生的疾病最常见的是物质使用障碍或者其他人格障碍，尤其是自恋型人格障碍
功能	边缘性人格障碍及相关状况使他们在独立生活、工作、理财等方面具有很大困难。家庭通常会插手干预帮助他们生活	对于外人表现得很自然，甚至很有魅力，但是面对亲密的人就会表现出边缘性人格障碍的特征。有事业并且十分成功
对家人的影响	成年人的家庭会主要关注现实性的问题，诸如寻求治疗、防止/减少边缘性人格者的自毁行为以及给予物质上和情感上的支持。父母们会感到极端内疚，在情感上压力过大	没有明显的疾病症状，家人们会为了亲密关系中的问题自责，并且尽量去满足他们的情感需求。家人们会努力去说服边缘性人格者接受专业的帮助，但总是徒劳无功。主要的问题包括高冲突性离婚和抚养权问题

摘自《边缘性人格障碍患者家庭实用指南》，兰迪·克莱格著，2008年由海瑟顿基金会出版。由位于明尼苏达州中心城区的海瑟顿基金会授权使用。

　　边缘性人格障碍无所不在：它影响着患者的感觉、思维和行为模式。但是边缘性人格障碍并不是像存在于真空中一样简单明了。在下一章，我们将会探讨当你身临其境时会发生些什么。

| 第 3 章

了解混乱：
认识边缘性人格障碍的行为

边缘性人格者和非边缘性人格者生活在两个世界里,共存于同一空间中,但却并非总在同一时间中。对于我来说,理解什么是"真实"的世界是极其困难的,就好像你也难以理解边缘性人格者的世界一样。

——马哈利(痊愈的边缘性人格障碍患者),
来自"欢迎来到奥兹国"网上社区

第3章 了解混乱：认识边缘性人格障碍的行为

每一个边缘性人格障碍患者都是独一无二的。如果你读到的一些内容，跟你的经历很相似，那你可以仔细思忖一下。如果这件事看起来并不符合你的状况，你也不要去对号入座。

记住，边缘性人格障碍患者就像普通人一样，有时候也许会反应夸张，有时候也许会无理取闹。无论如何，不要把所有的责任都推到边缘性人格障碍上去。

你要扪心自问，边缘性人格障碍患者所说的话是否真的纯属捏造。边缘性人格障碍患者可能有很强的直觉，对于言语之内暗含的意味和肢体语言极端敏感。他们甚至会在你还不明白自己的感觉时，就抢先领会到了你的意思。承认事实、坦白错误、承担责任，这往往能消除潜在的危机。

> 在断定你关爱的人是因为边缘性人格障碍才反应激烈之前，先扪心自问，你的行为会不会导致一般人也做出同样的反应。比如，为了应对边缘性人格障碍行为，你选择尽可能长时间地离开家。你工作到很晚，回到家后也很少和边缘性人格障碍患者说话。你也许是在尽力保护自己，这是可以理解的。但是，如果你的疏远触发了边缘性人格者被抛弃的恐惧和对外付诸行动的行为，你就得先反思一下，是不是你的行为造成了这种局面。

边缘性人格者的世界

大部分人都假定边缘性人格障碍患者的思维和感受方式是与自己一样的,因此他们难以理解边缘性人格障碍患者的行为。这种错误可以理解。高功能型边缘性人格者在未被引发边缘性人格障碍行为时,也可以表现得很正常,他们的一举一动都不像是有人格障碍问题。

一些患者(通常是正在治疗过程中的患者)能够极为透彻地理解边缘性人格障碍。

他们对《精神疾病的诊断与统计手册》中列举的标准倒背如流,并能准确地指出哪些特征是在描述自己。他们在情绪尚不激烈,能够控制自己的时候,也很清楚自己的感受与他人眼中的现实并不一致。

但是这些知识仍旧无法填满他们内心痛苦的深渊。理解导致他们痛苦的原因,并不一定会让他们感觉好一点,也并不能让他们更轻松地改变自己的行为。当愤怒的非边缘性人格者告诉他们"控制住你自己就好了"时,他们也会无法遏制地感觉自己被误解,因而万念俱灰。

> 想要了解边缘性人格者的行为，你必须离开自己的世界，走入他们的世界，因为你也在要求身边的边缘性人格者走入你的世界中来。当你读到这里时，要牢记边缘性人格障碍患者的行为大多都是无意识的，主要是为了在强烈的痛苦情绪中保护自己，而不是为了伤害你。

边缘性人格障碍患者的常见想法

当你来到另外一个国家时，首先要了解当地的风俗习惯。当你和一位边缘性人格障碍患者互动时，则首先要知道他们无意识的假定也许和你大相径庭。这些假定可能包括：

- ☐ 我必须时时刻刻被所有生命中重要的人关爱，否则我就一文不值。无论在哪方面，我都必须非常能干，这样才是一个有价值的人

- ☐ 有些人是好人，和他们有关的所有事情都是完美的。另一些人则绝对是坏人，应该因此受到谴责和惩罚

- ☐ 我的感受是由外部事件导致的。我没法控制与这些事件有关的情绪与行为

- ☐ 没人像我关心他们那样关心我，所以我失去了自己在乎的每个人，尽管我不顾一切地努力挽回，也无法阻止他们离开我

- ☐ 如果有人对我很不好，那我整个人也都不好了

- ☐ 当我孤独一人时，就谁也不是，什么也不是

- ☐ 只有找到一位全心付出、十全十美的人来爱我、无怨无悔

地照顾我时，我才能够幸福快乐。但如果真有这么好的一个人，他怎么可能会爱上我，这一定是有问题

☐ 某些需求得不到满足时，我就无法面对这种挫败感。我必须做点什么来驱散这种感觉

> 想要了解边缘性人格障碍患者的行为，你必须离开自己的舒适区，走入他们的世界。

感觉创造现实

通常，情感健康的人产生的感觉是基于现实的。如果你的父亲每晚都喝得酩酊大醉回家（现实），你会觉得担忧或者关心（感觉）。如果你的老板因为一桩大工程而称赞你（现实），你会感到骄傲而开心（感觉）。

> 边缘性人格障碍患者会无意识地修改现实去匹配自己的感觉。这正是他们对现实的感受和你不一样的原因之一。

然而，边缘性人格障碍患者恰好相反。当他们的感觉与现实不相符时，他们就会无意识地去修改现实以匹配自己的感觉。这正是他们对现实的感受和你不一样的原因之一。

让我们来看看米奴艾（边缘性人格者）和她的丈夫威尔的案例。一个周五下午，威尔打电话告诉妻子，他下班后要和同事们一起去喝一杯，晚点回家。米奴艾觉得非常焦虑、妒忌，甚至感觉自己被抛弃了。

米奴艾情绪混乱，不知所措。为了搞清楚自己的感觉，她认为一定是威尔做了什么才带来这些情绪。她想要指责威尔酗酒；她想告诉威尔，他是个很糟糕的家伙，在一周辛苦的工作之后不想着陪伴妻子，却想要和朋友在一起。她无意识地修改了现实，好让自己的感觉合情合理。

合理化

合理化是另外一种常见的防御机制。你知道自己应该去运动，但又觉得很麻烦。于是你告诉自己，你太忙了，没有时间——可是，你总有充足的时间去看自己最爱的电视剧。一些家庭成员会使用合理化的方法去解释边缘性人格者的行为，比如："他只是因为工作压力太大了，所以才会这样。"

鬼抓人：一个关于投射的游戏

一些采取对外付诸行动方式的边缘性人格障碍患者，会用一种类似于我们儿时称为"鬼抓人"的游戏[1]来释放他们的焦虑、痛苦和羞耻感。这种方式综合了羞愧、分裂、否认和投射，因此非常棘手。

对于儿童来说"鬼抓人"是一种有趣的游戏。[2]但是对于边缘性人格障碍患者来说，这绝非游戏。因为缺乏对自我的明确认知，

1　"鬼抓人"游戏，一群孩子中的一个当"鬼"，其他人当"人"，游戏开始后"人"四散逃跑，"鬼"去追自己的目标，拍对方一下，被拍中的人就变成"鬼"，继续去抓别人，而原先的"鬼"则会变成普通的"人"。——译者注

2　同上。

感觉空虚，认为自己不完美，边缘性人格障碍患者会每时每刻都觉得自己就是"鬼"。他们觉得其他人都想从自己身边逃离，留下他们去面对孤独和无法忍受的痛苦。所以边缘性人格者只能当作"鬼"去"抓人"，然后让别人当"鬼"，来应对这种状况。这就叫作投射。

投射是一种通过指责的方式，将自己身上不好的特性、行为或者感受转移到他人身上，从而否定自身缺点的方法。在我们采访埃利斯·贝纳姆女士时，她解释说投射就像是拿着一面镜子凝视自己，你觉得自己看上去很丑，就把镜子转过去。瞧！现在镜子里面这张难看的脸就属于其他人了。

理解投射

有时候投射是把有一点点现实根据的事情夸大其词，例如，边缘性人格者会在你有点生气的时候指责你"憎恨"他们。有时候投射则是纯属虚构，只不过是边缘性人格者的想象。比如，边缘性人格者指责你与女售货员打情骂俏，而实际上你只不过是想要问问某家鞋店在哪里。

边缘性人格者总是下意识地希望能够将这些不愉快的东西投射到其他人身上——抓到别人，让对方变成"鬼"。这样边缘性人格障碍患者能感觉好一点儿。他们确实会觉得好一点儿，但也只能维持一小会儿，痛苦很快就又回来了。所以这个游戏就会一而再、再而三地玩下去。

> 因为缺乏对自我的明确认知，感觉空虚，认为自己不完美，边缘性人格障碍患者会每时每刻都觉得自己就是"鬼"。

投射的其他目的：重新定向

投射还有另外一个目的：边缘性人格者总是下意识的担心，万一你发现他们并不完美，也许会抛弃他们。就像童话《绿野仙踪》里的魔术师一样，他们生活在无尽的恐慌中，害怕你揭开重重帘幕，发现他们隐藏的真面目。他们将负面特性和感受投射到你身上，阻止你看破真相；他们也能用这种方法将你的注意力引到他们苦心经营的完美形象上去。[3]

你的任务就是检查边缘性人格障碍患者所说的话，并且判断它们是否有确切的含义。记住，不是所有的东西都是投射。但如果边缘性人格者进行了投射，你需要立刻停止和他玩这个游戏，用一种礼貌的方式拒绝做"鬼"。在本书的第二部分中我们将会说明该怎么做。

这个游戏是如何进行的

当边缘性人格障碍患者试图"抓"你当"鬼"的时候，他们正在无意识地把自己的行为、感受或者感知到的特征转移到你身上。在这个过程中，因为边缘性人格障碍患者觉得自己有问题，所以就会指责你有问题。有时候他们在别人身上看到的问题，正是他们自身存在，但却发现不了的问题。当然，有时候情况并非如此。

---

[3] 在《绿野仙踪》里，主角多萝茜和小狗、稻草人、铁皮人、狮子历尽千辛万苦找到奥兹国里传说中能帮他们实现愿望的最强大的巫师，结果却发现巫师也只不过是一个被龙卷风吹过来的毫无法力的普通人，他一直都在担心人们发现真相后会赶走他，所以整天紧张兮兮地躲在宫殿厚重的窗帘后面，用障眼法吓唬别人。——译者注

莎伦（边缘性人格者）

我非常憎恨我自己，几乎无法直视自己。当我被憎恨淹没时，这种恨意就会蔓延到几乎每个人和每件事上，我觉得自己有理由憎恨一切，尤其是我丈夫。他极端令人厌恶，简直愚蠢得可怜。

投射状态与无意识的思想/感觉	
投射状态	无意识的思想/感觉
你是一个超级讨厌的人。除了我没有任何人会爱你	我是一个超级差劲的人，所以任何一个会爱我的人肯定也有问题
你真是个马屁精，难怪妈妈更喜欢你	我觉得自己一无是处，连妈妈都不爱我
你是最糟糕的家长，你甚至都不愿意陪在我们的孩子身边	我觉得自己是糟糕的家长
你们俩是世界上最差劲的父母。难怪我会患上边缘性人格障碍	我觉得自己是世界上最差劲的孩子
我没有患上边缘性人格障碍。你才是	我可能患上了边缘性人格障碍，这想法真是让我恐慌
是你逼我出轨，还怀上了别人的孩子，因为你是一个差劲的丈夫	我出轨是因为觉得自己是个糟糕的妻子，不值得你爱

有时候边缘性人格者将自己的行为投射到别人身上，他们指责你做的错事，实际上是他们做的。还有时候，他们会利用你在现实中做过的事情或者他们想象中你做过的事情，来为他们自己的行为开脱，从而不必为自己的行为感到羞愧。

第 3 章 了解混乱：认识边缘性人格障碍的行为

典型的行为投射和无意识的思想/感觉	
行为投射	无意识的思想/感觉
是你让我这么做的	我也不知道自己为什么这么做
你觉得我在控制你？你才是控制别人的人	我觉得自己现在好像失去控制了，这让我很害怕
别冲我大吼大叫	我觉得自己现在非常愤怒，需要对你大吼大叫
你从来都没有考虑过我的需要。你总是想着你自己	我无法抗拒自己的需要，所以我不能再考虑你的需要了
你才是放弃了婚姻的那个人。你再也不是我爱的那个人了	我向你展现出了真实的、有缺陷的自我，这让我非常害怕，我必须在你抛弃我之前先抛弃你
如果你在上班时接了我的电话，我就用不着在凌晨三点打给你了	我急需和你谈谈，所以我要想方设法联系到你

边缘性人格障碍患者把自己投射到你身上的另外一种方法，是用他们自己的感觉或者想法来指责你。

艾伦（边缘性人格者）

我指责我的精神科医生，说他恨我，只会说让我"调整一下情绪"，其实是因为我恨我自己，我希望自己能够调整好自己的情绪。我把最深的恐惧和自我怨恨的感受投射到别人身上，因为这些感受太让人恐惧不安，以至于我没办法发自内心地承认这个事实。

更多的边缘性人格投射	
投射	无意识的思想/感觉
你恨我	我恨我自己
你觉得我不够好	我觉得自己不够好

投射	无意识的思想/感觉
你说"外面太冷了",实际上的意思是在质疑我今天早上送孩子们上学时给他们穿的衣服不够厚	我实在是不太信任自己,我怀疑自己不是一个合格的家长
你在工作上花费了太多时间,因为你不想待在我身边	我自己都不想待在自己身边,还会有什么人想要待在我身边

边缘性人格障碍患者明显就是在向别人进行投射,他们怎么能否认呢?答案是,羞耻感和分裂感会与投射和否认行为综合在一起,创建一种"鬼抓人"的防御机制,这种防御机制极为强大,足以让他们否认自己拥有令人不快的想法和感觉。

投射的过程

> 边缘性人格障碍患者的逻辑是这样的:看起来好像有问题,但这不是我的问题,因此,绝对是你的问题。

投射过程瞬间就能完成,这是怎么回事?一些边缘性人格障碍患者心中充满羞耻感,因为他们觉得自己的本质有问题。就像一般人一样，边缘性人格障碍患者也会有负面感受、行为和特征。但是由于分裂（非黑即白的思维方式）的作用，他们会否认任何缺陷，因为这会让他们不完美。而如果他们不完美，他们就毫无价值可言。这时候，投射就会填满整个画面。边缘性人格障碍患者的逻辑是这样的：看起来好像有问题，但这不是我的问题，因此，绝对是你的问题。

投射认同

关于"鬼抓人"游戏，还有一个很重要的特征必须理解。多次在游戏中被抓成"鬼"之后，你可能开始相信边缘性人格障碍患者的指责，甚至会做出那些受指责的行为。这就叫作投射认同。

让我们看看这个案例。伊迪丝（边缘性人格者）为了应对自己的羞耻感和自卑感，常常会对她5岁大的女儿乔妮说，她是个糟糕的人，永远都不会有朋友。最后，乔妮果然就觉得自己糟糕透顶。她坚信自己天生一无是处，所以避免和其他人接触。当有人想要接近她时，她就会在别人拒绝自己之前，先拒绝别人。

一种自我实现的预言能力。 投射认同让人想起一句老话："谎言说一千遍就成了真理。"也有一点像自我实现的预言：伊迪丝的预言变成了现实，乔妮没有朋友，不是因为她真的让人讨厌，而是她觉得自己让人讨厌。

儿童尤其容易受到投射认同的影响，因为他们仍然处于建立自己的身份认同感的过程中。实际上，在潜意识层面，孩子们会觉得如果不按照妈妈或者爸爸的期待去做的话（哪怕是做坏事），他们就会失去父母的爱。（详见第9章，有更多关于边缘性人格障碍行为对儿童的影响的讨论。）投射认同还会对那些比较自卑、自我身份认同感较差的成年人产生极为严重的影响。

在我们采访埃利斯·贝纳姆女士时,她解释说:"即便是成年人,也会相信其他人对于我们的评价。当我们身边的'重要他人'不断地诋毁我们的自我认知或自信时,我们就会开始慢慢地相信谎言。"

案例

以下是一些成年人关于投射和投射认同的案例:

***

你的边缘性人格女友一再指责你不爱她,想要抛弃她。多年以来,你一直在努力让她相信这不是真的,但是一点用都没有。精疲力竭的你,终于发现这段感情结束了,你还需要继续生活——因此你就"抛弃"了她。

***

你正处在青春期的边缘性人格儿子指责你不够爱他,所以不让他住在家里。每当他回家小住时,都会和你产生肢体冲突。他把吸毒的朋友带回家,还用刀来威胁姐妹。你彻夜难眠,发誓再也不让他住在家里了——从而验证了儿子的指责。

***

你的边缘性人格妹妹指责你是爸妈的"马屁精",说他们"爱你更多一些"。你用更多的时间来陪伴父母,因为你喜欢和他们在一起,他们也喜欢和你在一起。他们也爱你的妹妹,但是为她不顾后果的行为收拾善后,让他们压力很大。随着时间的推移,你也会开始怀疑父母是不是确实更爱你一些。

投射认同会为边缘性人格者带来什么

有些与边缘性人格者关系密切的成年人，会觉得自己似乎被对方的指责和批评洗了脑。贝纳姆说："洗脑的方法很简单，孤立受害者，不断地向他们传递信息，伴以睡眠剥夺，再加以不同形式的虐待，让受害者开始怀疑自己的感知，让他们时刻精神紧绷，消磨他们的心力，把他们搞得一团混乱。"

都是你的错

持续不断地指责和批评，是边缘性人格障碍患者所采取的另外一种"对外付诸行动"的防御机制。指责可能有一点事实依据，但边缘性人格障碍患者往往会言过其实，也可能纯粹是来自于边缘性人格者的想象之中。我们采访过的亲友们都说：

边缘性人格者会因为一点点小事就对他们大发雷霆，责骂不休，比如提购物袋的方式不对、给他们盖的被子太重压得脚疼，或者是读了他们想要读的书，等等。一位恼火的非边缘性人格者说，假如有一天他没有犯下任何不可饶恕的错误，他的妻子还会因为他表现得太完美而大发脾气。另外一位家庭成员则反问道："假如我们在森林里讲话，而他们（指边缘性人格配偶）不在场，所以没有听到，这也算是我们的错吗？"

类似于"鬼抓人"游戏，这种防御机制也许真的与害怕被抛弃有关。边缘性人格者无意识的思想过程可能是这样的："如果我一步走错，那就会步步走错。如果我步步走错，那就真的如我自己所想的一样有问题。当别人发现我有问题时，他们就会抛弃我。所以我什么事情都不能出问题，那一定都是别人的错！"表面上看像是愤怒、冲动和意图操纵的行为，实际上都是误入歧途的尝试，真正的目的不过是引起别人的注意和关心。

帕蒂（边缘性人格者）

有时候我的未婚夫可以说是动辄得咎，我总是说他如果爱我的话，就不会这样。当我贬低和羞辱他的时候，我觉得自己可能就要被抛弃了，或者觉得很尴尬，或者觉得他表现得不够爱我。我觉得很恐慌，焦躁不安，大吼大叫，乱砸东西。我不知道该做出什么样的判断。就在昨天，我冲他发火的时候把我们的订婚戒指扔进垃圾桶。今天，我意识到没有他我就没法儿活。他总是没办法说出有多么爱我。我老盼着他骗我，尽管这么想实在是莫名其妙。我搜他的衣服口袋，查他的银行存款。我在他上班的时候总是出其不意地查岗，确认他在单位。当我发现一切正常的时候，才会觉得安心，同时也很尴尬，发誓以后再也不这样了。但我还是会反复这样做。

> 表面上看像是愤怒、冲动和意图操纵的行为，实际上都是误入歧途的尝试，真正的目的不过是引起别人的注意和关心。

如果你拒绝接受批评或者试图辩解，对方就会指责你防卫心太强，过分敏感，不能够接受有益的批评。由于他们总感觉像被架在火刑架上挣扎求生，所以他们会像母熊保护熊崽那样不顾一切地保护自己。

一旦危机过去，边缘性人格障碍患者看上去似乎获得了胜利，当他们看到你仍然还在闷闷不乐时，会觉得非常诧异。从他们的角度看，他们的反应让你无法发现自己内心的空洞。他们会觉得自己成功地让彼此更加亲近，或者起码避免让大家变得疏远。他们可能还会发生解离，这让他们的回忆与事实截然不同。

当然，你感觉糟透了。哪怕是现在，你仍然充满困惑，因为边缘性人格障碍患者似乎并不能理解他们的所作所为会产生什么影响。你还会充满挫败感，因为他们永远不会为自己的行为负责。这种恶性循环永无休止。

当指责变成言语虐待

当边缘性人格障碍患者痛斥你时，他只是被自己的需求压倒。过去受到的虐待会导致他把暴虐和愤怒加在你身上。如果他看上去想要控制你，实际上也许他只是想要努力去控制自己的生活，而不是你的。

而且，即便看上去他们赢得了这场争论，实际上却是输了。首先，他们破坏了你们之间的亲密关系，而他们最害怕的就是你会离去。当一切平静下来之后，边缘性人格障碍患者会为自己对你做的一切而感到羞愧。这种反应又会促进羞耻感、罪恶感和自卑感呈螺旋式下降。边缘性人格者会道歉，乞求你的宽恕，但最后仍然会否定自己曾经承认过的失常行为。

不过，即便他们的行为并非真的针对你，过度的批评和责备也会跨过一般人的底线，变成言语虐待。贝弗莉·恩格尔在《遭受情感虐待的女人：克服破坏性的模式，挽救你自己》(*The Emotionally Abused Woman: Overcoming Destructive Patterns and Reclaiming Yourself*, 1990) 一书中写道：

情感虐待是利用恐吓、羞辱、言语或肢体攻击，企图控制他人的行为。它包括言语虐待、经常性的批评和其他更微妙的策略，诸如恐吓、操纵和拒绝被取悦等。情感虐待就像洗脑，它有计划有步骤地消磨着受害者的自信心、自我价值感、自我认知和自我观念。无论是通过经常性的严责与贬低、恐吓，还是打着"指导"或教育的幌子，结果都是一样的。最后，受害者会失去所有的自我感知和个人价值观。

> 当你的家庭成员痛斥你时，他只是被自己的需求压倒。

界定言语虐待

恩格尔将言语虐待分为几类。尽管恩格尔的作品中从未提及边缘性人格障碍，但其中有些定义看上去类似《精神疾病的诊断与统计手册》中提及的边缘性人格障碍的标准。记住，我们不是在讨论边缘性人格障碍患者的意图，而是在讨论他们的各种应对策略在你身上产生的影响。

- ☐ 控制：他们利用威胁为所欲为

- ☐ 言语攻击：包括谴责、羞辱、批评、谩骂、吼叫、威胁、过度责怪和冷嘲热讽。还会夸大你的错误，在其他人面前讥讽你。随着时间的流逝，这种虐待会侵蚀你的自信心和自我价值感

- ☐ 虐待预期：提出不合理的需求，并认为无论如何你都应该把他们的需求摆在第一位。乃至于当你需要关注和支持的时候，他们也会谴责你

- ☐ 无法预期的反应：这包括了激烈的情绪变化或者突然的情感爆发。与这样的人共同生活非常容易诱发焦虑。你会觉

得恐慌、不安、心态失衡

☐ 混淆黑白：对方会否定你对事件的认知与谈话[4]

☐ 持续混乱：边缘性人格者常常会挑起争论，并且不断地与他人产生冲突。他们还会沉迷于令冲突戏剧性化中，因为这样能够带来刺激（许多非边缘性人格者也可能会沉迷戏剧性冲突）

4　混淆黑白（Gaslighting）是心理虐待的一种，故意提供错误的情报给受害者，令受害者怀疑其自身的记忆、意识、理智而设的手法。例如，借由加害者一方否定骚扰事实的单纯动作，来迷惑受害者使其产生不寻常的恐慌。该词来自一部讲述一个丈夫欺骗太太使其自以为患有精神疾病的电影《煤气灯下》（1944）。——译者注

边缘性人格障碍的行为模式

必败的局面

我们采访过的大部分亲友都说,边缘性人格障碍患者把他们置入了一个必败的局面之中。

杰克(非边缘性人格者)

如果我问她为何不开心,她会说我神经过敏,胡思乱想。如果我无视了她的不开心,她又会说我不关心她。如果我赞美她,她会觉得我无事献殷勤。如果我批评她,那我就是要伤害她。如果我花时间陪她4岁大的儿子聊天,她会想知道我究竟说了什么。如果我和孩子玩游戏赢了,她会责怪我。如果我想要和她亲热一下,她希望由她先说出来,回头再说。如果我不想和她亲热,那我就是同性恋。如果我想一个人静静,那我就是有什么阴谋。如果我陪她很久,那我就是好色。约会时如果我没有提前30分钟到,就是迟到。如果她还没有准备好出门,我坐下来翻翻书,就是在催她。

我们采访过的一些边缘性人格障碍患者对这种行为给出了合理的解释。佩吉(边缘性人格者)说,这也许是"一切都是你的错"的一种变化。他说:"把他人置于一种必败的境地,让我得到了自我确认，而这种确认在我的生活里是极为缺乏的。所以这种做法也许会让我觉得，自己抓住了一些过去不曾拥有的东西，尽管从长期来看，这种方式会让我疏远其他人，也伤害了我自己。"

对于必败局面，另外一个可能的解释是，边缘性人格障碍患者也许处于解离状态。有些人在解离状态下或者巨大的情感压力下时，可能不记得自己之前曾经说过的话和做过的事。

边缘性人格障碍患者会前后矛盾，因此造成了表面上的必败局面，因为他们对于自我的感知就是前后矛盾的。为了说清楚自己的选择，人们首先必须能够清晰地辨识出自己的感受和信念，只有这样才能将这些内容传达给其他人。但正如你知道的，一些边缘性人格障碍患者的自我认知是前后矛盾的。当边缘性人格者告诉你他们想要的，也许确实就是他们想要的，但仅仅就是现在想要的。稍后他们也许就会想要其他东西了。但是由于羞耻感和分裂感的作用，他们可能不会向你承认，也不能向他们自己承认，自己是前后矛盾的。甚至他们还会试图告诉你，你才是那个无可救药、混沌不清的家伙。

> 没错，正是这种行为模式导致了两种基本的、对立的恐惧：被他人抛弃的恐惧和被他人"吞噬"或者控制的恐惧。

被抛弃的恐惧与被吞噬的恐惧

有时候，边缘性人格者看似想要与你"保持距离，略微亲密"。这个不可能的要求与"鬼抓人"游戏和"一切都是你的错"截然相反。没错，这种行为模式正是来自两种最基本而且相互对立的恐惧：被他人抛弃的恐惧和被他人"吞噬"或者控制的恐惧。

被抛弃的恐惧

在婴幼儿期，所有人都经历过被抛弃的恐惧。婴儿有两个基本需求：安全得到保障，在监护人身上建立信任感。当婴儿哭泣时，他们需要知道有人会爱护自己、会哺喂自己或者给自己换尿布。当妈妈爸爸离开时，他们需要知道父母还会回来。

在成长的过程中，人们会逐渐平衡自己的需求，不再对某些客体过分依赖：学习独立，脱离家庭的羽翼，去外界探险。你可以在两岁大的幼儿身上发现这一点，他们骄傲地在运动场上奔跑、摔倒，然后哭着去找妈妈和爸爸。随着时间发展，他们渐渐地不再需要回头寻求父母的安慰，建立独立的身份认同的需求逐渐变得重要。青少年期是最明显的考验期，来自学校和家庭的指导不断减少，青少年们开始尝试全新的成年人角色。理想的话，长大成人会让他们全然独立，既不用害怕被抛弃，也不用担心被吞噬。

然而，边缘性人格障碍患者每天都在与被抛弃和被吞噬的问题做斗争。他们既渴望融入社会，又渴望保持独立，左右为难，束手无策。他们觉得自己像是行走的矛盾体，看上去也是这样。他们的行动也许毫无意义，因为有时候他们希望和人亲近，受人关爱；有时候似乎又不由自主地要将你驱离。

失控的恐惧

当其他人过于亲密时，边缘性人格者就会开始感觉被吞噬或者担心失控。他们不知道应该如何设立健康的个人界限，真正的亲密关系会让他们觉得自己处于弱势。他们担心你会看见"真实"的自己，然后厌恶他们，离开他们。所以他们要与你保持距离，以免觉得处于弱势或者被控制。他们会向你挑衅,"忘记"应该做的重要的事情,或者行为乖张,不可理喻。但是保持距离又会让他们感觉孤独,感觉越来越空虚,担心被抛弃的恐惧越来越强烈,所以他们又会拼命努力去接近你。就这样反复地循环下去。

在争吵中,边缘性人格者可能只需要几秒钟就能从被抛弃的感觉转换为被吞噬的感觉。这个循环也许会持续数天、数周、数月或者数年。外部事件常常也会起到一定作用:比如,离家去上大学很容易触发一名边缘性人格青少年被抛弃的恐惧;而一名年老病弱的边缘性人格者搬去与成年子女一起生活的时候,也可能会感觉被吞噬。

> 他们的行动也许毫无意义,因为有时候他们希望和人亲近,受人关爱;有时候似乎又不由自主地要将你驱离。

随着亲密度不断提高,边缘性人格者害怕被抛弃或者被吞噬的问题可能会越发严重,这会导致更多乖张的行为。这也是那些对边缘性人格者不够了解的人,在你描述对方行为的时候,不肯相信你的原因之一。

考验你的爱

这种前前后后的"保持距离、略微亲密"的舞步会令亲友们感到非常失望。

> 随着亲密度不断提高,边缘性人格者害怕被抛弃或者被吞噬的问题可能会越发严重,这会导致更多乖张的行为。

贝丝（非边缘性人格者）

我越努力地去抚慰我的边缘性人格丈夫，他的反应就会变得越激烈。而当我放弃并开始离开时，他就会变得很缠人。就像过去马戏团里面表演的小丑捡帽子的套路一样。每一次他弯下腰想要去捡起那帽子，都会不小心把它踢得更远；他愤怒地放弃，转身离开时，风却会吹着帽子跟着他跑。

在此，又出现了另外一个边缘性人格障碍的矛盾表象：从你的角度看，边缘性人格障碍患者控制着你，他们自编自导着被抛弃/被吞噬的舞蹈，你只能跟着他们团团转，头晕目眩，身不由己；但是从边缘性人格者的角度看，你才是那个掌控一切的人。

边缘性人格者无法预料到你会对他的行为做出什么样的反应，这种不确定性会让他们感觉比过去更危险，更不安全。

记住，对于边缘性人格障碍患者来说，每一件事都是"非黑即白"。一旦他的舞蹈停下来，就会永远停下来。因为他们毫无身份认同感，所以一旦你离开，他们就不复存在。同时面对自己的情绪和你的未知反应，会让他们觉得无助，他们会用自己知道的唯一方式去取得控制：对外付诸行动。对你来说，就是极端的被控制感。他们会用自杀来威胁你，只要你让步，音乐就会再度响起，他们的舞蹈将重新开始。

> 对于边缘性人格障碍患者来说，每一件事都是"非黑即白"。

考验你的爱

为了控制"舞蹈"的节奏,一些边缘性人格障碍患者还会考验你到底有多么在乎他。他们的逻辑是这样的:如果你真的爱他们,你就会愿意放下你所有的需求,全心全意地去满足他们的需求。

比如,如果你和边缘性人格者约好在某个时间、地点见面,他可能会晚到一个小时。如果你因生气,或者是放弃等待,径直回家,那就是没有"通过"考验,边缘性人格障碍患者就会认为,自己"果然"毫无价值。这种行为让他们感觉世界更容易预测,因此也就更安全。

而如果你容忍了他的行为,"通过"了考验,他就会采取变本加厉的行为(也许下一次就会迟到好几个小时);直到你最终忍无可忍,勃然大怒。然后,你就变成了坏人,边缘性人格者就变成了受害者。

你可能会疑惑:"这算是一种什么样的考验?无论发生了什么,我们都是输家!"你说的没错。这在你的世界里毫无意义,但是在边缘性人格者的世界里却是天经地义的。

幼稚的世界观

人们发现,许多成年的边缘性人格者,尤其是那些有孩子的人,世界观都非常的幼稚。分裂问题、客体恒常性问题、被抛弃和被吞噬的问题、身份认同感问题、自恋需求、缺乏共情和充满控制欲,所有这些边缘性人格者的思维方式,都与儿童的发展阶段相一致。

劳拉（边缘性人格者）

我两岁大的女儿想要什么东西，就得马上得到。当我上街购物时，哪怕负债累累，我也不能对自己说不，所以我就买买买。对于孩子而言，最重要的事情是安全感。对我而言，安全感意味着按照他人的想法去做事，这样他们才不会拒绝我。我的内心停留在隐蔽的地方，即便面对自己也不会袒露。在我的优雅自如之下隐藏着一个愤怒的、受到惊吓的小孩。我的丈夫希望我内心那个受到伤害的小女孩规规矩矩地说："对，我很生气，但是当我和你说话的时候，我会努力让自己讲道理。"你不能要求一个真正的两岁孩子这么做，所以也不要这样要求我。我不是不想这样做，我只是做不到。

当人们指出这些相同点时，一些边缘性人格障碍患者会觉得对方盛气凌人，或者无理取闹。

> 你可能会疑惑："这算是一种什么样的考验？无论发生了什么，我们都是输家！"

珍妮特（边缘性人格者）

我确实感觉自己像个孩子！别人总是对我说："长大点吧。"

他们指责我总是像个哭闹的孩子，只会发脾气。难道他们觉得我真的喜欢这么做？难道他们会觉得被情绪控制会很有趣吗？他们真的以为我能在几分钟之内就成熟二十年吗？

从下列几个方面看，边缘性人格者的世界与你的世界有着天壤之别：

- □ 边缘性人格障碍患者会无意识地篡改事实以证明他们的感觉是合理的
- □ 一些边缘性人格障碍患者会使用极端的防御机制来应对他们的痛苦感受
- □ 边缘性人格障碍患者会觉得自己不是被抛弃就是被吞噬,因此他们的行为总是发生180度大转弯
- □ 最后,一些边缘性人格障碍患者会以孩子的眼光来看世界。但是他们却能够用更成熟的成人的方式去影响世界

> 你不能要求一个真正的两岁孩子这么做,所以也不要这样要求我。我不是不想这样做,我只是做不到。

在第4章,我们将会解释边缘性人格障碍行为对你产生的影响。

第 4 章

高压锅中的生活：
边缘性人格障碍行为如何影响非边缘性人格者

与边缘性人格者一起生活,就好像住在一口劣质高压锅里,锅壁太薄,安全阀还有问题。

与边缘性人格者一起生活,就好像生活在持续不断的矛盾中,被没完没了的矛盾主宰。

我觉得自己好像被关在洗衣机滚筒里。世界不停旋转,我却找不到上下前后、东南西北。

——来自"欢迎来到奥兹国"家庭成员支持群组[1]

---

1 www.bpdcentral.com

充满自我厌恶的边缘性人格障碍患者可能会：

☐ 指责其他人憎恨自己

☐ 一想到别人最终都会想要离开自己，就会变得喜欢吹毛求疵，易发怒

☐ 指责他人，自己扮演受害者的角色

边缘性人格障碍不像是麻疹，不会传染。但是常年面对这些行为的人会不知不觉地被"感染"。朋友、伴侣和家人有时候也会做出这种行为，从而坠入充斥着内疚、自责、沮丧、愤怒、否认、孤立与困惑的陷阱中。他们采用的应对方式，得到的效果并不会持续很久，甚至可能会令情况更糟糕。

同时，因为非边缘性人格者总会对边缘性人格者的感觉与行动负责，结果导致边缘性人格者的不良行为得到了强化。

在本章中，我们将会探讨非边缘性人格者对边缘性人格障碍行为的几种常见反应。然后我们会用问答的形式帮助你判断边缘性人格障碍行为会对你本人产生怎样的影响。

> 同时，因为非边缘性人格者总会对边缘性人格者的感觉与行动负责，结果导致边缘性人格者的不良行为得到了强化。

常见非边缘性人格者的想法

这些观点并不能反映出每一位边缘性人格障碍患者的亲友的想法。你必须判断哪些符合你的情况。

观点与事实

观点:我要对这段亲密关系中所有的问题负责。

现实:在一段亲密关系中,双方要各负一半责任。

***

观点:边缘性人格障碍患者的行动都和我有关。

现实:边缘性人格者的行动是由一种复杂的人格障碍导致的,这种人格障碍则是由生理和环境的综合作用导致的。

***

观点:解决这个人的问题是我的责任,如果我做不到,就没人能够做到。

现实:如果你打算为边缘性人格者的生活负责,就会传达给他们一种信息，即他们不能好好照顾自己。你还失去了通过关注自己，来改善这段亲密关系的机会。

＊＊＊

观点：如果我能让边缘性人格障碍患者相信我是对的，这些问题就会全部消失。

现实：边缘性人格障碍是一种严重的人格障碍疾病，深刻地影响着人们思考、感受和行为的方式。不管你是多么能言善辩，都无法靠语言治愈患者的疾病。

＊＊＊

观点：如果我能够证明他们的指责是错误的，他们就会再度信任我。

现实：缺乏信任是边缘性人格障碍的特征。这与你的行为毫无关系，只与边缘性人格障碍患者的世界观有关。

＊＊＊

观点：如果你真的爱一个人，你就应该接受他们对你的身心虐待。

现实：如果你真的爱你自己，就不应该让人虐待你。

＊＊＊

观点：边缘性人格障碍患者也不想患上这种疾病，所以我不应该让他为自己的行为负责。

现实：没错，边缘性人格障碍患者绝对不想患上这种疾病。但是在你的帮助下，他们能够学会控制自己对别人的行为。

***

观点：设置个人界限会伤害到边缘性人格障碍患者。

现实：设置个人界限是所有亲密关系都必须做的，有一方或者双方都患有边缘性人格障碍的亲密关系尤其要这么做。

***

观点：当我尝试着去做一些事情来改善自己的状况，却没有收效时，我不应该放弃，要坚持到它奏效为止。

现实：你可以从失败的做法中吸取经验，然后去尝试新的方法。

***

观点：无论我关爱的边缘性人格者做了什么，我都应该给予爱、理解、支持和无条件的接纳。

现实：爱、理解、支持和无条件地接纳一个人，与爱、理解、支持和无条件地接纳他的行为是截然不同的。事实上，如果你支持和接纳了不良行为，就相当于鼓励这种行为继续发展，同时也会让你自己继续痛苦下去。

边缘性人格障碍行为
为非边缘性人格者带来的伤痛

在被贬低得一无是处时,非边缘性人格者的脑海中总会浮现出清晰而美好的回忆,想起过去边缘性人格者们也曾经认为他们完美无比。一些亲友说,他们觉得那个曾经深爱自己的人已经死去了,现在是一个陌生人占据了他的躯壳。

一名非边缘性人格者说:"如果我患上了癌症,只不过要死一次。而这种情感虐待却让我死了很多很多次,我好像永远都生活在悬崖边缘。"

伊丽莎白·库伯勒-罗斯(K.Roth)在她的著作《死亡:成长的最后阶段》(*Death: The Final Stage of Growth*,1975)中概括了痛苦的五个阶段,也很符合那些关爱边缘性人格障碍患者的人的情况。我们稍加改编,使之能够直接应用于边缘性人格障碍的问题。

否认

非边缘性人格者会为边缘性人格者的行为找借口,或者拒绝相信他们的行为不正常。非边缘性人格者的处境越孤立,他们就越可能持有否认的态度。这是因为没有外界的涉入，非边缘性人格者会丧失对正常行为的观感。边缘性人格障碍患者能够有技巧地让别人相信，自己的不良行为都是非边缘性人格者的错。这也会让非边缘性人格者总是处于否认的状态中。

愤怒

当遭到愤怒的攻击时，一些非边缘性人格者会进行反击，这无异于火上浇油。

另外一些非边缘性人格者则认为，用愤怒面对边缘性人格行为，是一种不恰当的反应。一些人说："你不会对糖尿病患者发脾气，那为什么就会对边缘性人格障碍患者发脾气呢？"

情感不需要有智商，它本身就是智商。悲伤、愤怒、内疚、困惑、敌意、烦恼、失望……这些都是正常的，都是边缘性人格障碍患者的亲友必定会体验到的情感。无论你和边缘性人格障碍患者之间是什么关系，这些情感都是真实存在的。这不意味着你应该用愤怒来回应边缘性人格者，而只是意味着，你需要一个安全的地方去宣泄自己的情绪，并且感觉自己的行为能够被接纳，而不是被批判。

> 边缘性人格障碍患者能够有技巧地让别人相信，自己的不良行为都是非边缘性人格者的错。这也会让非边缘性人格者总是处于否认的状态中。

讨价还价

这一阶段的特点是，非边缘性人格者做出让步，从而换回他们所爱的人的"正常"行为。他们的内心想法一般是："如果我按照他的想法去做，我就会得到自己需要的东西。"在一段亲密关系中，我们都要做出妥协。但是为了让所爱的边缘性人格者满足，我们要做的牺牲、要付出的代价可能会非常高昂。让步永无止境，不久以后，你也许需要做出更多的牺牲来证明你的爱。另一回合的讨价还价又开始了。

> 你需要一个安全的地方去宣泄自己的情绪，并且感觉自己的行为能够被接纳，而不是被批判。

沮丧

当非边缘性人格者意识到让步所要付出的真正代价——失去朋友、家庭、自尊和爱好时，就会变得沮丧。边缘性人格障碍患者没有改变，非边缘性人格者却变了。

莎拉（非边缘性人格者）

三年来，他一直告诉我，问题出在我身上，我的毛病毁了一切。我相信了他，所以疏远了一些好友，因为他不喜欢他们。我下班之后就马上回家，因为他说他需要我。后来我们大吵了一场，现在我孤独而沮丧，找不到任何人可以诉苦。

梦想破灭是非常残酷的。边缘性人格者的子女也许会用数十年时间，想要赢得父母的爱和认可。可是一切都不够好，他们又会用很多年时间去哀叹自己从未拥有过父母无私的爱。

> 当非边缘性人格者将他们关爱的边缘性人格者的"好"和"坏"结合在一起，并且意识到边缘性人格者不是非此即彼，而是两者皆是时，他们就进入了"接受"阶段。

弗兰（非边缘性人格者）

当我意识到自己为儿子勾勒的未来永远不可能成为现实之后，我为他伤心了很多年。后来，我儿子的心理医生问我，如果他的余生都要住在专门的精神疾病患者病区，我会怎么做，我又开始感觉痛彻心扉，无法抑制地哭泣。医生说，我心中的那个孩子，连同我为他刻画的未来一起死去了。但当我悲伤过后，我会有一个重获新生的儿子，我会再为他描摹一个全新的未来。

接受

当非边缘性人格者将他们关爱的边缘性人格者的"好"和"坏"结合在一起，并且意识到边缘性人格者不是非此即彼，而是两者皆是时，他们就进入了"接受"阶段。在这一阶段的非边缘性人格者已经学会了为自己的选择负责任，同时也要求他人为自己的选择负责任。这样，双方都能够更加清晰地认识自己，认识边缘性人格障碍患者，并对这段亲密关系做出自己的抉择。

非边缘性人格者对于边缘性人格障碍行为的反应

边缘性人格障碍行为会导致非边缘性人格者产生很多反应。在此列出了一些最为常见的反应。

困惑

菲尔（非边缘性人格者）

起初，一切看起来、听起来都很正常。接下来，现实发生了出人意料、莫名其妙的扭曲和逆转；当妻子突然间开始因为某些我居然无法理解的事情对我大吼大叫时，时间与空间的失衡转换不断地把我击倒在地。突然间，我意识到自己已经踏入雷区！

让菲尔困惑的行为叫作"冲动性攻击"，这种行为是边缘性人格障碍的一个核心特点。

本书作者兰迪·克莱格在《边缘性人格障碍患者家庭实用指南》（2008）中说，冲动性攻击是一种冲动的、恶意的甚至暴力的反应，是突如其来的被拒绝或者被抛弃的恐惧感，加上相应的挫败感引发的。这些感受的来源可能很明显或者很隐晦（很可能就像菲尔的案例中一样）。

克莱格用俗语"麥毛狮子"来比喻"冲动性攻击"，因为当边缘性人格者情绪极为强烈、势不可当、无法控制时，就像一头脱离牢笼的残忍野兽。这头猛狮的利爪会伸向外面（愤怒、言语虐待、真实的肢体暴力），抑或是伸向内里（自残、自杀企图）（克莱格，2008年）。

丧失自尊

贝弗莉·恩格尔在《遭受情感虐待的女人》(2009) 中，描述了情感虐待对自尊的影响：

情感虐待会直击一个人的内心，产生的创伤持续的时间远超肉体虐待。辱骂、暗讽、苛责和控诉等情感虐待，会慢慢地蚕食受害者的自尊，直至对方再也不能对真实状况做出判断。他们会在情感上被击垮，为了遭受情感虐待而自责。受害者会相信自己一文不值，相信不会有人需要自己。他们会一直被困在受虐待的状态下，坚信自己无处可逃。他们终极的恐惧是孤独终生。

感觉陷入困境和无助

边缘性人格障碍行为会带来极大的痛苦，但是想要逃离似乎又无计可施。非边缘性人格者也许会感觉自己被困在了一段亲密关系中，因为他们要么觉得自己应该为边缘性人格者的安全负责；要么会觉得也许是自己"导致"了边缘性人格者的感受与行为，并为此而极度内疚。边缘性人格者扬言自杀或者是伤害他人，会让非边缘性人格者束手无策，并认为脱离这段亲密关系简直是太冒险了。

> 情感虐待会直击一个人的内心,产生的创伤持续的时间远超肉体虐待。

退缩

非边缘性人格者也许会选择,无论从情感上还是肉体上都脱离这种纠结的状况。这包括长时间加班,由于害怕说错话而保持沉默,或者断绝关系。这会让边缘性人格障碍患者感觉被抛弃,从而做出更强烈的反应。非边缘性人格者可能会让孩子和边缘性人格者更长时间地独处。如果此时边缘性人格者虐待孩子,非边缘性人格者则会由于不在场而无法保护孩子。

负疚与羞愧

随着时间的过去,边缘性人格者的谴责会产生一种洗脑般的作用。非边缘性人格者会开始相信,自己就是一切问题的根源。当这种洗脑发生在孩子身上的时候尤为伤人,孩子们崇敬父母,却没有能力去质疑一位边缘性人格成年人的谴责或臆测。

边缘性人格障碍患者的父母也会受到同样的伤害。他们认为自己是最糟糕的父母,其实他们犯的错误与大部分父母一样。我们采访过的一些父母,会没完没了地自责,想要找出自己到底做错了什么,才导致孩子患上了人格障碍。如果没法找到根源,他们就会一口咬定孩子的问题一定是遗传的。但即便是这样也无法让他们释怀,因为接下来他们就会觉得是自己害得孩子遗传了这个毛病。

开始不良行为

酗酒、暴饮暴食、物质滥用和其他不良行为是很多人用来应对压力的方法，而不单单只有非边缘性人格者会采用。起初，这些行为会缓解焦虑和压力。一旦这些不良应对方式形成习惯，根深蒂固，就只会让情况恶化。

孤立

边缘性人格障碍患者出乎意料的行为和喜怒无常的情绪，会让交友变得极为困难，这是因为：

- ☐ 为边缘性人格者的行为找借口或者做掩饰，会让人精疲力竭，一些人会发现这段感情不值得费那么大的力气去维持

- ☐ 许多非边缘性人格者说，边缘性人格朋友们提出的建议要么过于简单化，要么让人无法接受，很容易让非边缘性人格者觉得被误解

- ☐ 有些人说自己失去友谊是因为朋友们不相信自己，或者厌烦了听他们诉说自己的苦难史

通常，在边缘性人格者的坚持下，非边缘性人格者会切断和其他人的联系，变得越来越孤立。更为常见的是，非边缘性人格者总是会答应这个要求。一旦一位非边缘性人格者变得越来越孤立，就会发生下列几件事情：

- ☐ 他们在情感上会越来越依赖边缘性人格者

- ☐ 由于脱离了真实世界，一旦没有了对比，边缘性人格障碍行为的伤害就会显得很正常

□ 其他朋友不再会关注他（与边缘性人格者）的亲密关系，也不再会向他指出这段亲密关系中的不当之处

事情被禁锢在两个人的亲密关系之中，非边缘性人格者只能独立处理与边缘性人格者之间的问题。

> 处于警戒状态需要心理上和生理上保持高度敏感，长此以往，就会降低身体天生的抵抗力。

过度警觉和身体疾病

如果身边有一个人，会随时随地莫名其妙地痛斥你，会造成很大的压力。为了尽量控制毫无预兆、变幻莫测的边缘性人格障碍行为，非边缘性人格者总是会处于"警戒状态"。处于警戒状态需要心理上和生理上保持高度敏感，长此以往，就会降低身体天生的抵抗力，出现头疼、溃疡、高血压和其他疾病。

接受边缘性人格者的思想和感受

非边缘性人格者渐渐会开始用非黑即白的眼光看待事物，用非有即无的方式来面对问题。喜怒无常也开始在非边缘性人格者身上变得常见，边缘性人格者情绪高涨时，他们就心情大好；边缘性人格者情绪低落时，他们跟着心情糟糕。

> 在某种程度上，可以说是边缘性人格障碍患者带着非边缘性人格者一起去乘坐过山车。这虽然令人沮丧，但也是一个机会，可以去体味患上边缘性人格障碍的滋味。

相互依赖

非边缘性人格者通常会做出英勇无畏的善举，不惜付出一切代价。为了帮助他们所爱的人，他们会：

- ☐ 遏制内心的愤怒
- ☐ 忽视自己的需求
- ☐ 接受大部分人都无法忍受的行为
- ☐ 一而再、再而三地宽恕同样的伤害

这就是非边缘性人格者面临的困境，尤其是当边缘性人格者有一个不愉快的童年，非边缘性人格者想要尽力弥补时，这种问题更加明显。

许多非边缘性人格者认为，将边缘性人格者的利益凌驾于自己的需求之上（或者为了避免争端），有助于解决问题。虽然这么做的出发点是好的，但实际上却会促进或者助长不当行为。边缘性人格者会认为自己的行为不会产生负面结果，因此他们就没有改变的动机。

> 无限度地忍耐边缘性人格障碍行为，并不会让边缘性人格者觉得开心。

无限度地忍耐边缘性人格障碍行为，并不会让边缘性人格者觉得开心。即便是亲友容忍了他们的行为，其他人可不会容忍，边缘性人格者仍然会被孤立。而非边缘性人格者又能忍耐多久呢？一位丈夫为了弥补妻子悲惨的童年经历，多年以来一直出面帮她收拾善后，他说："无论她做了什么，我都尽力帮她解决后患。有一天，我终于意识到，这么做让我抛弃了自我。"

迪恩（非边缘性人格者）

在与妻子的亲密关系中，我觉得自己非常失败。我以为如果自己能够说服妻子去接受必要的帮助，一切都会好起来。尽管总是被她虐待，我依然觉得自己无法抛下她不管。

我怎么能抛弃一个遭受过那么多不幸的人呢？我觉得只要自己再努力一点，就能够弥补她在儿时遭受过的虐待。

当我打算离开时，我的想法得到了确认。我永远都无法忘记她脸上的表情，她大张着忧伤的双眼告诉我，她很高兴我回来了。"你为什么高兴？"我问她。她回答说："因为除了你，再没有人能让我的生活好起来了。"我决定去向心理咨询师求助。有一天咨询师对我说："你不觉得自己有一点自大吗？你觉得你是谁，神吗？你不是神。这不是你的责任。你无法弥补这个人。你的任务就是要接受现实，与现实共存。你要下定决心去过你自己的生活。"

> 你不是神。这不是你的责任。你无法弥补这个人。你的任务就是要接受现实。

对亲密关系的影响

诸如言语虐待、感知操纵和防御机制等边缘性人格障碍行为，都会破坏信任感与亲密感。对于非边缘性人格者来说，这会让亲密关系不够安全，他们再也无法相信，自己内心的深层感受和内在想法会换来爱、关怀与呵护。

苏珊·福沃德和唐娜·弗雷泽在《情感勒索》(1997)一书中说，遭到情感勒索的人，面对某些问题会变得格外谨慎，不再愿意分享他们生活中的重要部分，比如他们做过的尴尬的事情、恐惧或者不安的感受、对于未来的希望和任何能表现出他们正在改变和发展的东西。

> 遭到情感勒索的人，面对某些问题会变得格外谨慎，不再愿意分享他们生活中的重要部分。

我们并肩前行，却要时时刻刻如履薄冰，我们彼此之间只剩下肤浅的闲言碎语、令人不安的沉默和无处不在的压力。当亲密关系中失去了安全感和亲密感时，我们就会开始演戏。我们在不开心的时候假装开心，我们在一切都很糟糕的时候却说万事如意。本应充满关爱和亲密的优雅舞会变成了假面舞会，置身其中的人把真正的自我藏得越来越深。

这正常吗

　　判断哪种行为正常，哪种行为不正常，是非常困难的。下列问题会有所帮助。你给出的肯定答案越多，我们越会建议你要更为小心注意，边缘性人格者的行为对你产生了怎样的影响。

　　——处于一段健康而愉快的亲密关系中的人是否会告诉你，他们不理解为什么你仍然坚持忍受边缘性人格者的行为？

　　——你是否尽量避免和这些人联系？

　　——你是否觉得需要掩饰边缘性人格者的某些行为？

　　——你是否曾经为了保护边缘性人格者或者维护你们之间的亲密关系而出卖过别人或者撒谎？

　　——你是否变得孤立？

　　——一想到要花时间和边缘性人格者相处，你是否就会觉得不舒服？

　　——你是否有与压力有关的疾病？

　　——边缘性人格者是否企图在法律、社会或者经济方面给你制造麻烦，借以向你表达他们的愤怒？

　　——这些状况是否曾经发生过不止一次？

——你是否产生了临床抑郁症状？抑郁的迹象包括：

☐ 对正常活动不感兴趣

☐ 在生活中很少感到愉快

☐ 体重增加或者降低

☐ 失眠

☐ 出现无价值感

☐ 总是觉得疲倦

☐ 无法集中注意力

——你是否考虑过自杀？你是否认为如果没有你，亲朋好友会过得更好？（如果是，请马上去寻求帮助。）

——你是否曾经为了关爱的边缘性人格者，在某些方面做出违背自己基本价值观和信念的事情？你是否再也不能坚持自己的信念？

——你是否会关心对方的行为对孩子们造成的影响？

——你是否曾经出面调停，阻止对方虐待孩子？

——你或者边缘性人格者是否曾经危及过彼此的人身安全或者曾经处于可能会危及彼此人身安全的处境？

——你是否由于恐惧、责任和内疚而做出决定？

——你和边缘性人格者的亲密关系是否更倾向于权力与控制，而非友善与关爱？

在第二部分中，我们将会给出一些行动步骤，帮你摆脱情感过山车，掌控自己的生活。

第二部分
重新掌控你的生活

现在，你对人格障碍有了更多理解，也知道它会如何对你产生影响，下一步我们来学习一些特殊的技巧，帮你成功地掌控自己的生活，避免被身边的混乱干扰。虽然你无法改变人格障碍本身，或者让亲友主动去接受治疗，但你已经有能力从根本上改变这段亲密关系。

在本书第一版中，我们描述了很多技巧帮你改变生活，但并没有一个特定的顺序。在这次的第二版中，我们将会利用本书作者兰迪·克莱格在她2008年的作品《边缘性人格障碍患者家庭实用指南》中提出的框架结构带你进阶。

尽管两本书中的技巧会有一些重复，但是《边缘性人格障碍患者家庭实用指南》将它们分门别类，创造出了一套循序渐进的系统，让你能够组织自己的思想，学习特殊的技巧，并且帮你学会找重点，不再一把抓。

这些技巧包括：

技巧1，照顾自己：寻求支持，找到组织，超然于爱之上，控制自己的情绪，增强自尊心，修习正念，增加欢笑，改善健康。

技巧2，摆脱情绪困扰：保有自己的选择，帮助而不是解救他人，处理恐惧、责任感和内疚感。

技巧 3，用倾听去沟通：将安全置于首位，控制怒火，积极倾听，非言语沟通，化解愤怒与批评，确认与共情。

技巧 4，用爱设置界限：边界问题，"海绵式吸收"与"镜面式反射"，准备讨论，坚持改变以及描述、表达、申明、强化的 DEAR 四字技术。

技巧 5，强化正确行为：巩固间歇强化。

记住，下面的内容并不是对上述系统的综述，只是在《边缘性人格障碍患者家庭实用指南》的第二部分中的概述，也只是对本书第二版中相关内容的简单了解。但这是一个非常好的开始，它让你能够走上正轨，成功地掌控自己的生活与人际关系。

记住，边缘性人格障碍是一种复杂的人格障碍，边缘性人格障碍患者的行为都无法预测。你要针对自己的特殊情况制定特殊策略。理想的是，你应该找到一位心理医生，帮助你把这些技巧个性化、一体化，好让它们成为你生活的一部分。

第 5 章
从内心开始改变

如果你不愿意,没人能让你感到自卑。

——埃莉诺·罗斯福

你无法让边缘性人格者主动求医

有一个好消息：你有权保有自己的观点、思想和感受。无论好坏、对错，它们都是你的组成部分。而坏消息是：别人也都有权保有自己的观点、思想和感受。你可以不同意他人的看法，别人也可以不同意你的看法。但这也是可以的。你的任务不是说服别人按照你的那一套行事。

看到关爱的人伤人伤己，让人沮丧而伤心。但是无论你怎么做，都无法控制他人的行为。而且，这也不是你的责任——当然了，除非这位边缘性人格障碍患者是你未成年的孩子。即便如此，你也只能影响孩子的行为，而不能控制他的行为。你的责任是：

☐ 知道自己是谁

☐ 根据自己的价值观和信念行事

☐ 向你身边的人表达出自己的需求和想法

你可以通过委婉或者直接的奖惩鼓励人们去按照你的想法做事。但究竟要如何去做还是要他们自己做出选择。

边缘性人格者为什么否定

对你来说,身边的边缘性人格障碍患者明显需要帮助。但对对方来说,这个问题并不明显。对于边缘性人格障碍患者来说,承认自己哪怕有一点儿不完美,都会令他们陷入羞耻与自我怀疑的旋涡,更别提承认自己患上人格障碍了。

> 想象一下,感觉空虚、没有自我的状态;再想象一下,那个本就微乎其微的自我居然还有问题。对于很多边缘性人格障碍患者来说,这种感觉就像是自己不复存在一样,任谁都会感觉可怕。

为了避免发生这种状况,边缘性人格障碍患者会利用一种强大而常见的防御机制:否定。尽管有明显的证据证明他们有问题,他们仍然咬定自己是正常的。他们宁可失去对于自己而言非常重要的东西,比如工作、朋友和家庭,也不愿意丢掉自己。(一旦你明白了这一点,就会真心佩服那些敢于去寻求帮助的边缘性人格障碍患者的勇气了。)

> 想想那些你曾经认为不可能,但却最终实现的目标吧。比如考上理想的大学,或者是减肥15千克。努力回忆一下,你想要达成这个目标时的欲望有多强烈,从而推动你把理想变成现实。现在再想象一下,如果你从心底强烈抵触去做这些事的话又会怎样?其他人有可能让你考上大学或者减肥成功吗?

边缘性人格障碍患者总是会尽量逃避其他人希望他们面对的问

题。他们会求助或者试图改变自己的行为,但却不会按照你的安排做。如果确实要改变,也必须按照他们自己的时间安排和方式来。实际上,在其他人尚未做好准备之前就强迫对方承认自己有问题是非常不好的。

琳达(边缘性人格者)

否认问题的存在是一种应对机制,这能帮助我们控制自己的痛苦和恐惧。恐惧越强,否认越强。请不要试图摧毁边缘性人格者的否认行为,因为我们还没有准备好面对自己内心的黑暗,而否认是我们活下去的唯一的支柱。

那么,边缘性人格者毁掉了一段亲密关系,怎么办?她会去开始一段又一段新的亲密关系。边缘性人格者会因为他们的行为而失去一份工作,怎么办?他会指责老板,然后去寻找一份又一份新工作。她会为此失去孩子们的监护权,怎么办?都怪这该死的法律制度。由于害怕改变,害怕未知事物,他们迫不得已,如此这般。因此,否定才会变得极端强大。至于说边缘性人格者,他们的恐惧如此无边无际,无所不在,势不可当,只有否定可以与之抗衡。

边缘性人格者何时会去寻求帮助

是什么促使边缘性人格障碍患者去寻求帮助?一般说来,人们改变自己的行为是因为他们相信,改变比不变更有益于自己。

然而,促成改变的特定催化剂是多种多样的。对一些人来说,比起面对改变的恐惧来,与边缘性人格障碍患者共同生活时产生的难以忍耐的情绪混乱,要糟糕得多。对于另外一些人来说,则是发现自己的行为会影响到孩子。还有一些人,则是由于自身行为不当而失去身边的"重要他人"之后，才开始决心面对心魔。

> 人们改变自己的行为是因为他们相信，改变比不变更有益于自己。

蕾切尔·赖兰
（关于边缘性人格障碍痊愈过程的回忆录《带我逃离》的作者）

作为曾经的边缘性人格障碍患者，我相信确实有一些打击或者刺激会起到促进改变的催化剂的作用。在我的一生中，曾经被迫接受过多次不同的治疗。而我自己却并不是真心实意地渴望改变，我只是不想失去某些东西。但这还远远不够。

有一天，我一时失控，开始痛打4岁的儿子，他的腿和脸被打得通红，当我看到他的双眼时，内心一下子大为震动。他没有做错任何事。我打他只是因为他是我的孩子，而我却觉得自己并不想做一个妈妈。当他开始号啕大哭时，我就更加愤怒，更凶狠地打他。

最后，他不再哭泣。他的双眼张得大大的，里面充满了恐惧，从他眼中我仿佛看到了很多年之前的自己，看到了我耗尽一生时间想要逃离的恐惧。

我不能因为丈夫赚钱不够多，就把自己的所作所为怪罪在他头上。我也不能把这一切怪罪到渴望权力的领导、恶毒的邻居，或者许多我认为总与我过不去的人身上。看着儿子无助而惊恐的双眼，我仿佛看到了我自己。我知道，我再也不能和这样的自己过下去了。

> ### 你不能强迫家人去寻求帮助
>
> 本书的作者兰迪·克莱格在《边缘性人格障碍患者家庭实用指南》中说，哭泣、指出他人的错误、讲道理、推理论证、乞求和辩论这类方法，想要用于刺激边缘性人格者去寻求治疗，都只会起到反作用。大多数时候，这一切都会导致对方寻找漏洞并反过来控诉你——你才是那个需要帮助的人，我不是！
>
> 即便是下了最后通牒也没有用。边缘性人格者也许会因为害怕他们所爱的人会真的执行最后通牒，从而同意去看心理医生，可能还会和父母或其他家庭成员一起去。然而治疗是毫无作用的。这是因为，即便是最好的边缘性人格障碍临床医生也无法帮助一个压根儿不想得到帮助的病人。
>
> 一旦危机消除，边缘性人格者就会找出种种借口放弃治疗。尤其是如果你们遇到了一位很出色的心理医生，他能够巧妙地把治疗的重点转移到患者本身的问题上，而不是强化患者"受害人"的感觉，那么这种情况下边缘性人格障碍患者放弃治疗的可能性会更大。然而，如果心理医生把边缘性人格者所述的每一件事都按照其表面意义看待，而不去深究的话（这也是很常见的），那这位心理医生也许就会无意中强化了边缘性人格者扭曲的思想，让情况变得更糟。

你可以做什么

想要改变你生活中的边缘性人格障碍患者，这个想法并没有问题。你也许一语中的：如果他去主动求治，可能会更幸福，你们的亲密关系可能也会变得更好。你觉得自己能够或者应该去改变别人，这其实只是一种幻想，为了免受情感过山车的折磨，趁早放弃这种想法吧。只要放弃了这种想法，你就能够得到真正属于你的力量：改变你自己的力量。

设想有一座灯塔。它矗立在海岸上，射出令人心动的光芒，引导船只安全地驶进港湾。灯塔不能离开自己的位置，走进海水中，拉住船尾说："听着，傻瓜，如果你沿着这条路走的话，你就会在礁石上撞得粉碎！"

不，船只要为自己的命运负责，它可以选择接受灯塔的引导，也可以选择走自己的路。灯塔不需要为船只的选择负责，它所能做的一切，就是按照它所知道的方式做一座最好的灯塔。

> 你觉得自己能够或者应该去改变别人，这其实只是一种幻想，为了免受情感过山车的折磨，趁早放弃这种想法吧。

不要认为边缘性人格者的行为是冲着你来的

边缘性人格者倾向于以非黑即白的眼光看世界。他们也倾向于认为，每个人都是用这样的方式去看待事物。面对这种状况，那些具有统一自我价值感的人，更容易维持自己对现实的真实感受。无论在任何特定时刻，无论边缘性人格者如何看待他们，这些非边缘性人格者的幸福感和安全感都不会受到影响，因为他们知道自己既不是天神，也不是恶魔。然而，大部分人还是需要一些引导，才能在面对边缘性人格者的分裂时保持清醒与专注。

交替变化的解释

通常，当身边的边缘性人格者高唱赞歌时，非边缘性人格者都不会去寻求什么帮助。但务必要记住，分裂会有高峰（理想化），同样还会有低谷（贬低）。这并不是说让你无视边缘性人格者的赞美，无论如何，你都可以享受这一切。但是小心，善意的夸大其词和溢美之词，也许是盛名之下，其实难副。

> 有时候，造成分裂的不是真实事件，而是边缘性人格者对于该事件的解释。

还要当心来得太快的爱的誓言与承诺，因为这可能是基于边缘性人格者想象中的你，而非现实中的你。重要的是，时刻在头脑中牢记你对事物的理解，因为边缘性人格者看待事物可能常常过于消极或者过于理想化。

有时候，造成分裂的不是真实事件，而是边缘性人格者对于该事件的解释。假设，一位急诊科医生正在抢救一名遭遇严重车祸的孩子，虽然他尽力去挽救孩子的生命，但是当医护人员将她送到医院时她已经濒临死亡。很明显，医生已经无力回天了。他走到等待室告诉女孩的父母，孩子已经死亡。而父亲无法接受这个现实。

"你这个没用的笨蛋！"他喊道，"她受的伤根本就不严重！你本来是可以挽救她的生命的。如果我们的家庭医生来抢救她，她就不会死。我要向当局控告你！"

大部分医生都能理解，女儿死亡的创伤与打击导致这位父亲对他们大加指责，出口伤人。他们并不会把这位父亲的言论放在心上，因为他们已经安慰过许许多多悲伤的家属，知道这种反应是人之常情。换句话说，他们并不会认为这位父亲的感受是冲着自己来的。他们会明白这种反应与眼前的状况有关，与医生本人无关。

在这个案例中，引起这位父亲反应的事件是外部的、明显的、戏剧性的。而面对边缘型人格障碍患者时，导致一场争端的原因就不一定是真实的事件，而是边缘性人格者对该事件的解读。你应该知道，你和边缘性人格障碍患者对同样的话或者同样的事，也许会得出截然不同的结论。再看看下面两个案例。

1

罗伯特（非边缘性人格者）说：

我必须工作到很晚。我真的很抱歉，但是我不得不取消咱们的约会了。

凯瑟琳（边缘性人格者）听到的是：

今晚我不想和你一起出去，因为我不再爱你了。我再也不想看见你了。

凯瑟琳说（也许是愤怒，也许是悲伤的口吻）：

你怎么可以这样做！你根本不爱我！我恨你！

2

汤姆（非边缘性人格者）说：

我为我的女儿感到非常骄傲！昨天她打出了一个漂亮的全垒打，赢得了比赛。让我们今晚去看场电影庆祝一下吧。

罗克珊（边缘性人格者）听到的是：

我爱我的女儿胜过爱你。她多才多艺，而你不是。从现在开始，我要把我所有的爱和关注都给我的女儿，不再理睬你了。

罗克珊想：

他已经发现了我的问题、我的缺点，所以现在他打算离开我了。但是不，我没有问题，我也没有缺点，我毫无瑕疵，所以他才是那个有问题的人！

罗克珊说：

不，我不想去看电影！为什么你不问问我想要做什么？你从来都不会想到我。我简直难以置信，你这么自私，这么专制！

我们不知道为什么罗克珊和凯瑟琳会用这种方式来诠释男人的言论，也许是她们害怕被抛弃，也许是大脑中某种异常化学反应导致了这样的边缘性人格障碍行为。因此，尽管我们能够明白是汤姆和罗伯特的言论引发了这种行为，但具体原因我们仍然一无所知。

触发不同于导致

要弄清楚导致边缘性人格障碍行为与触发这种行为之间的区别，这样你才不会动不动就觉得边缘性人格障碍行为是冲着你来的。

你在日常生活中很可能动辄触发边缘性人格障碍行为，然而这并不意味着是你导致了这种行为。

想象一下你今天过得很糟糕。

你那乐天的同事满面笑容地走进办公室。"哇哦，今天真是个好日子！"他说，"会让人觉得活着真好，你说呢？"

> 你在日常生活中很可能动辄触发边缘性人格障碍行为，然而这并不意味着是你导致了这种行为。

"才没有，"你愤怒地说，"我忙着呢！你能消停一会儿吗？"

你的同事引发了你的无礼回应，但这并不是他造成的。如果你关心着某个边缘性人格障碍患者，就得接受一个事实，有时候他的反应在你看来完全没有任何意义。这就是边缘性人格障碍患者和病情明显的精神病患者共有的特点。《如何与精神病患者生活》(1996)的作者克里斯汀·阿达麦茨说：

> 一旦你开始接受精神病患者的行为有时候是非理性的，你内心的压力和紧张感就会有所减轻……（一旦）你这么做了，你就能找到更多有效的应对机制。不再会被你心中的"万一"和"应该"压垮，可以务实地处理事情，找出有效的办法。

寻求支持与认可

> 如果你关心着某个边缘性人格障碍患者，就得接受一个事实，有时候他的反应在你看来完全没有任何意义。

你可能不认识其他边缘性人格障碍患者的亲友或者你认识的人里没有一个听说过边缘性人格障碍，所以你几乎得不到什么支持，也没有人能够供你参考"真实世界"。为此，在 1995 年，兰迪·克莱格在 www.bpdcentral.com 网站上为边缘性人格障碍患者的亲友们创建了一个网上互助群组，叫作"欢迎来到奥兹国"。群组成员们可以分享自己的故事，讨论自己生活中的边缘性人格障碍患者。对于其中的大部分人来说，这是他们第一次和与自己有相同处境的人接触。

这个群组中的许多成员告诉我们，最主要的是，来自网上的信息让他们能够客观地看待自己身边的边缘性人格障碍患者的行为。这些故事都大同小异，人们终于明白，这些行为并不是冲着自己来的，这个发现让很多人都大感安慰。

> 加入一家地方或者网上支持组织能帮助你客观地对待边缘性人格障碍患者的行为。如果没有这个条件，你也可以试着去找找亲朋好友，看看有没有人愿意为你提供倾听的耳朵和信任的心。你找的倾诉对象，最好是不会被夹在你与边缘性人格障碍患者之间左右为难的人。

不要认为边缘性人格障碍行为是冲着你来的

一位女士发现她的边缘性人格丈夫有外遇，她问我们："我的丈夫说，自从我们结婚以来，他就一直出轨，还向我撒谎，我怎么才能不认为他是冲着我来的呢？当他告诉我，他要为了另一个女人离开我时，难道我应该感到高兴吗？"我们向她解释，面对不幸和不要认为这些行为是冲着你来的，两者之间有着天差地别。

想象一下，如果你正计划在城里最美的礼堂中举办你的婚礼，但是就在婚礼的前两天，闪电击中了礼堂，把它夷为平地。你试图去再找一个场地，却发现每一所礼堂都已经被预订了。自然，你会非常不开心，非常愤怒。

但你却不会觉得闪电是冲着你来的，不会觉得好像是闪电认识你，并且处心积虑让你那么倒霉的。你不会为了超出自己能力控制范围的事情责备自己。但这恰恰是很多人在面对边缘性人格障碍患者的行为时的反应。他们在好多年之内都认为自己"产生"了闪电，可事实上他们只不过是"避雷针"而已。

保持幽默感

许多亲友们发现，保持幽默感会有所帮助。

汉克（非边缘性人格者）

十月，我的朋友巴克举办万圣节聚会，我和边缘性人格妻子一起去参加。我打扮成著名小狗史努比的主人查理·布朗，穿着条纹毛衫，拿着圆鼓鼓的史努比小狗。而妻子打扮成查理的朋友露西。她一只手里拿着一个橄榄球，另一只手里拿着一张标语牌，上面写着，"心理咨询，五分一次。"（多嘲讽啊，是不是？）

巴克打开门，一个可怕的现实出现在我们面前：这不是一场化装晚会！每个人都穿着毛衫和牛仔裤。我、我的妻子和她的朋友，我们三个人都在同一时间发现了我的错误。

我的妻子马上开始大发雷霆，开始埋怨我是多么的愚蠢。一般，我面对她的愤怒和言语虐待时都会感到恐惧、焦虑和困惑。但这一次我大笑不止！就在我的妻子发火时，我和她的朋友乐不可支。从那之后，当我妻子每一次情绪失控时，我就会去回想一些有趣的场面，我意识到自己可以选择如何反应，这让我感觉好多了。

照顾好自己

你生活中的边缘性人格障碍患者并不想患上这种疾病,你也不会想要自己生活中的什么人患上这种疾病。但如果你是一个典型的非边缘性人格者,你就会为他人的问题背负上大量的自责,你可能会觉得自己能够解决这些问题——也只有你能解决这些问题。

很多非边缘性人格者,尤其是那些与边缘性人格者亲密但没有血缘关系的人,终生都在试图为他人解决问题,试图解救他人。这会为他们带来一种错觉,认为自己能够改变他人。但这终究只是一场白日梦,只会让边缘性人格者将他们自己的责任推到非边缘性人格者身上。唯一能够改变边缘性人格者生活的人只有他们本身。你会:

- ☐ 为了所爱的人,一天二十四小时去感受他们的痛苦
- ☐ 用你的一生去帮助和等待边缘性人格者恢复正常,按照你的思维方式行事
- ☐ 让你全部的情感生活被他们某一刻的心境所支配

但上述行为无一能够帮助边缘性人格障碍患者。

在我们对霍华德·温伯格博士的采访中,他说:"边缘性人格障碍患者需要他们的朋友和家人保持稳定而清晰的态度——不排斥他们,也不压抑他们。他们需要你能够让他们照顾自己,不要越俎代庖。帮助他们最好的方式就是先照顾好你自己。"

派翠西亚(边缘性人格者)

首先,我要对那些决定陪伴在我们这些边缘性人格者身边的亲友们说,谢谢你们,谢谢你们!我们是如此需要你们的爱与支持。在康复的道路上,我们需要你们的信任和鼓励。但是如果你留在我们身边,在必要的时候也要为自己进行心理咨询,以确保你们不会在陪伴我们的过程中失去自我。你们绝对不能失去自我认同感,你们必须一马当先。因为如果你们迷失了自我,那我们就得不到真正的支持,只不过是得到了一个同样有很多问题的同伴。

超然于爱之上

一些家庭成员开始尝试着用超然于爱之上的态度面对边缘性人格者。这一概念是由酗酒者家庭互助会提出的,这一组织是为那些生活受到酗酒者影响的人建立的。酗酒者家庭互助会提出了一份有关个人界限的声明,如果你用"边缘性人格障碍行为"替换掉"酗酒",那这份清单同样也适用于非边缘性人格者。部分原文摘录如下:

我们在互助会中学会,一个人不需要为其他人的疾病或痊愈负责。

我们应该抛开内心的执念,不再为他人的行为困扰,并开始去过更快乐、更轻松的生活,一种拥有个人权利和尊严的生活。

我们在互助会中学会:

- ☐ 不要忍受其他人的行动或反应给你造成的痛苦
- ☐ 不要为了帮助他人痊愈，而让自己被利用或者被虐待
- ☐ 不要越俎代庖，帮别人做他力所能及的事情
- ☐ 不要制造危机
- ☐ 如果一件事自然发展过程中会出现危机，不要去试图预防或阻止它

超然既非善意亦非恶意。它也不意味着我从超然物外的角度，去对人对事进行评判或谴责。它只是一种方法，让我们能够将自己与他人的"酗酒"（替换为"边缘性人格障碍行为"）行为造成的负面影响分离开来。超然能够帮助家庭成员现实而客观地看清自己所处的情境，从而尽可能做出睿智的选择。

寻回你的生活

不要再拖延你的幸福，要及时行乐。现在你可以做很多事情来寻回你的生活。拿出一些时间进行反思，这会提醒你和边缘性人格障碍患者，你们是两个独立的个体。边缘性人格者可以学会接受暂时的分离，能够明白当你回来时你仍然关爱他。鼓励人们暂时离开，实际上有利于建立亲密关系。

> 不要试图做一名心理医生，这不是属于你的角色。如果边缘性人格障碍患者想要这种帮助，可以建议他去找一位心理健康专家。如果你不再与边缘性人格者联系，就不要浪费时间去用精神分析疗法分析他们的心理。这不再是你的责任了——实际上，从一开始这就不应该是你的责任。

记住下面的三不三要：

☐ 不是我导致的

☐ 不是我能控制的

☐ 不是我能治愈的

★★★

☐ 要避免一直为边缘性人格者撑腰

☐ 要避免重蹈边缘性人格者的覆辙

☐ 要坚持过你自己的生活

对你自己好一点。这里有一些建议：

☐ 去看一场艺术展览

☐ 买一盒昂贵的松露巧克力

☐ 去做一次按摩

☐ 去找朋友或者家人玩

☐ 去做志愿者或者参加社团活动

☐ 要明白，无论你是生病还是健康，都没有人能够满足你的所有需要

☐ 如果你的友谊摇摇欲坠，那赶紧去"挽救"它

☐ 当你出门在外时，不要把所有的时间都用来与他人谈论边缘性人格障碍患者

☐ 去看一场电影

☐ 去尝试一种新食物

☐ 放松，尽情享乐

给自己找点儿乐子吧，就算你为自己活那么一小会儿，地球也不会停止转动。实际上，你反而会精神焕发地回来，带着更宽阔的视野。

如果你暴饮暴食，或者采用了其他不健康的应对机制，马上停下来。如果需要的话，去寻找专业的帮助。让自己的期望现实一点儿，边缘性人格障碍行为积弊已久，根深蒂固，不要奢望能出现奇迹。在正确方向上前进的每一小步都值得庆祝，要学会欣赏边缘性人格障碍患者身上的闪光点。

> 在正确方向上前进的每一小步都值得庆祝，要学会欣赏边缘性人格障碍患者身上的闪光点。

塔尼亚（非边缘性人格者）

提醒自己不能搞定所有的事情是很有帮助的。我不停地提醒自己，即便身处无助的境地，也不意味着我就是失败者。

我的心理医生告诉我，关爱自己是无须感到内疚的，但我需要用一些时间才能做到这一点。我知道我必须面对自己的感受，但有时候我也渴望有自己的生活，哪怕只有一小会儿也好。

巩固认同感和自尊心

如果你身边的人总是责怪你、批评你,你的自尊就会被践踏到泥土中去。如果你的自尊一开始就不强的话,情况可能会更加糟糕。一些我们采访过的非边缘性人格者,尤其是边缘性人格者的成年子女,会任凭其他人欺辱自己,因为他们觉得自己不值得得到更好的对待。他们会停留在被人虐待的情境中,或者不知不觉地伤害自己,仿佛为了印证边缘性人格者对他们的贬低是正确的。

很多边缘性人格障碍患者能够得到子女和其他亲友的支持,有些人则不会。如果你与边缘性人格者建立起的亲密关系伤害到了你的自尊,那么马上采取手段去修复它。不要依赖边缘性人格障碍患者去判断或认可你的价值,因为他们可能根本做不到。这并不是因为他们不关爱你,只是因为在有些时候,他们自己的问题和需求会妨碍他们做出判断。

第 6 章中将会讨论设置界限和应对愤怒、指责与批评的问题。仔细地阅读文章,并在实际应用这些交流技巧之前与一位朋友先演练一番。如果有人说你是可怕而糟糕的人,你完全不需要理会。你可以自己选择。

最后,去进行心理治疗,来解决你与边缘性人格障碍患者一同生活所产生的压力。在一次针对非边缘性人格者进行的调查中,我们发现 75% 的非边缘性人格者都表示自己接受过专业的心理治疗。

对自己的行为负责

你会觉得自己像被龙卷风卷起的皱巴巴的报纸，奋力与身边的边缘性人格障碍患者的各种古怪行为抗争。但在这段亲密关系中，你的掌控能力可能远远超出你的想象。你有足够的能力控制自己的行为，面对令人苦恼的边缘性人格障碍行为时，你也能够控制自己的反应。一旦你看清了自己，看清了自己在过去做出的选择，做出新的选择就简单多了，从长久来看，这无论对你还是对你们的关系而言都更为健康。

在《情感勒索》（1997年）中，苏珊·福沃德和唐娜·弗雷泽讨论了回避是如何起作用的：

每一天，我们都要向人们展示：我们愿意接受什么、不愿意接受什么、拒绝面对什么、能够容忍什么，以此来教人们学会如何对待我们。我们相信，只要不小题大做，就能让另一个人的问题行为消失。但我们传达出去的信息却是："你的胡闹挺有效果的，再来一次吧。"

> 如果有人说你是可怕而糟糕的人，你完全不需要理会。你可以自己选择。

一些非边缘性人格者发现，承认自己的责任，这一步非常困难，因为他们听到了批判的言论，那是边缘性人格者在他们脑海里说的："看，一切都是你的错。我早告诉过你，你出了问题。"对于这些非边缘性人格者来说，走出这一步几乎相当于认同了边缘性人格者的批判。如果这种状况正是在说你，那么马上把这些话从你的脑海中清除出去。承认自己的责任，并不是说你激起或者引发了边缘性人格者的行为；我们的意思是，你可以无意之间让边缘性人格者重复了过去他们能够确实影响到你的行为。

仔细想想：这段亲密关系如何满足你的需要

在我们采访霍华德·温伯格博士时，他说："如果你在乎一位边缘性人格障碍患者，记住，并不是因为你心理有问题才选择对方，你选择这个人是因为他对你很重要。"

如果你们的亲密关系全然消极，你就根本不会来读这本书，只会直接离开。所以这段亲密关系中一定有什么东西是满足了你的需求的。这些原因可能多种多样，取决于你与边缘性人格障碍患者的亲密关系是可以选择（朋友、爱人）还是没得选择（亲人）。

很多人与边缘性人格障碍患者维持亲密关系，是因为对方非常有趣、充满魅力、聪明、可爱、幽默、诙谐、迷人。一位女士说，当她第一次遇到自己的边缘性人格男朋友时，就好像第一次遇到自己的同类一般。

黛安（边缘性人格者）

我能理解为什么非边缘性人格者会热衷于讨论一些边缘性人格障碍患者的症状、愤怒和他们做出的坏事。一位边缘性人格者能够毁掉他们自己和其他所有接近他们的人。能够发泄出这种痛苦有益于身心健康。

但有时候，无论是在书里、在讨论过程中还是在临床术语中，都没有提及为什么你要和边缘性人格者开始一段亲密关系。你不可能因为希望被毁掉所以才与边缘性人格者坠入爱河，你爱上这个人只是因为对方身上有闪光点，而这些闪光点和他的缺点一样，都是他个人特质的组成部分。

> 非边缘性人格者不是受虐狂，而是乐天派。

当这些有破坏性的缺点开始显露出来时，你会告诉自己，最终他的优点一定会胜过缺点，从而让自己坚持下去。嗯，也许邪不胜正，也许正相反。非边缘性人格者不是受虐狂，而是乐天派，这种乐天也许会得到回报，也许会付之东流。放弃这种乐观，放弃一段原本是很美好的感情，实在是非常困难。

不要再找借口否认事态的严重性

充满希望是必不可少的。确实，每个人都有优点和缺点。但是希望必须要结合对当前情况的现实观点，还要结合发生改变的可能性。

凯文的女朋友朱迪聪明、有才华而且富有魅力。最棒的是，朱迪深爱凯文。所以凯文无视了那些对于其他人来说就像是警钟一样的行为。例如，一天朱迪出现在凯文的办公室，开始在他的老板和同事面前冲他大吼大叫。几天之后，他仍然百思不得其解，为什么女友会那么生气。

朱迪平常靠领社会救济金过活，带着她9岁的儿子和凯文一起住在一个蟑螂丛生的小公寓里，但她总是会很冲动地购买奢侈品，像是水晶花瓶、设计师限量版服装，等等，还会把孩子丢在家里，自己出门购物。

每一次和凯文争吵，朱迪都会把凯文赶出公寓，还会毁坏他的私人物品。这几乎成了例行公事，所以凯文开始把一些贵重物品放在他父母那里。当凯文的朋友劝他说，朱迪的行为不正常时，凯文总是耸耸肩说："哦，这没啥，没有人是完美的。家家有本难念的经。"

凯文把否定作为一种维持亲密关系，应对自己痛苦感受的方法。这时候凯文很可能会不顾一切地避免亲密关系中发生冲突。然而，他对于问题的否定，只会鼓励和强化朱迪的负面行为。凯文需要朋友们的支持与建议，才能着手处理这些问题，弄清楚为什么他会允许朱迪如此折磨自己。凯文还需要弄清楚，为什么他与朱迪的亲密关系如此重要，让他能够忍受朱迪对自己的虐待。

> 对于问题的否定只会鼓励和强化负面行为。

了解间歇强化的影响

打比方说，在一只有杠杆的盒子里有一只小鼠。你教小鼠学会按压杠杆，它每按压五次杠杆，就能得到一些食物。小鼠很快就明白，按压五次杠杆就可以得到奖励。但如果你不再给它食物，它很快就会放弃练习。

现在我们可以说，你用食物间歇强化了小鼠。换言之，如果你改变了奖励方式，有时候在两次按压后就奖励这只小鼠，有时候会等到第十五次按压才奖励它。你轮流使用这两种奖励机制，这样小鼠就永远不知道什么时候可以得到食物。接下来再一次，你拿走所有的食物。但是小鼠仍然在按压杠杆。它按压了二十次，没有食物，它再按压更多次，心里想："也许这个人这一次会等到第九十九次才给我食物呢。"

当一种行为得到间歇强化，一旦奖励被移除，消除这种行为就需要花费更长时间。间歇强化可以从双方面产生作用。当边缘性人格者心情好的时候，你就得到了间歇强化。你无法预料他的好心情下一次会在什么时候出现，但你知道不会很久。同样，当你偶尔满足了边缘性人格者的需求时，他们也会得到间歇强化。

莫利说："现在桑德拉那些迷人的行为让我无法自拔。我会想，'啊！这才是我认识的那个人。'我的理智告诉我不要再和她联系，但是我的感情却说，我离不开她。"

> 假如，哪怕边缘性人格者严苛地对待你，你仍然对这个人"着迷"的话，考虑一下，在你们的亲密关系中是否存在间歇强化作用。

找到情感过山车的美好

许多人说，当一切都好的时候，他们真的感觉不错。奉承、关心和迷恋都会让一个人由衷地感到愉悦。感觉到自己对于另一个人如此重要，会让人感觉兴奋，飘飘欲仙。这种愉悦马上就会被意识到，尤其是如果非边缘性人格者以前从未被当作"偶像"一般迷恋的话，这种愉悦就更加强烈。

非边缘性人格者还会开始去寻求这种愉悦感，希望得到奉承和关心。而且，过了一段时间，当奉承和关心开始慢慢消失，非边缘性人格者会怀念这种感受，并且试图让边缘性人格者再度去崇拜自己。间歇强化的法则在这里再次得到应用，因为在亲密关系中，边缘性人格者会间歇地表现出迷恋与奉承，这反过来强化了非边缘性人格者对这段亲密关系的执念。

吉姆（非边缘性人格者）

我发现，最初妻子对我的迷恋让人非常受用。我的意思是，我从来没有想过我居然能够得到那样的关注。其他女人都不会太关注我，只有她崇拜我。待在一个把自己当作偶像的人身边时，会让自己感觉更好。

但我们的亲密关系就像一种毒瘾。我不断地回头去找她，尽管我内心无比自卑，甚至会有一种隐约的羞耻感："我恨我自己为什么要爱你。"

就这样，我们开始了乘坐过山车一般的亲密关系。由于她的崇拜，我会短暂地攀上令人目眩的高峰；再突如其来地，令人绝望地跌下深谷，饱受打击；然后是蜿蜒曲折、颠颠倒倒、不合逻辑地循环反复，令人目瞪口呆地急停，稍后就是空寂、沉默、平淡地结束。

> 当一种行为得到间歇强化，一旦奖励被移除，消除这种行为就需要花费更长时间。

如何摆脱困境

你是否觉得举步维艰,因为在每一次选择中都潜伏着危险;但同时又不得不去做点什么?你对这段亲密关系的满足感,是否取决于边缘性人格伴侣所做出的重大抉择,尽管这一切确实还没有发生?

本书作者兰迪·克莱格在《边缘性人格障碍患者家庭实用指南》一书中列举了六项最常见的理由,阐释为什么非边缘性人格者会感觉陷入困境以及他们可以怎么做:

情感虐待造就的不健康关系。控制、恐吓、折磨和孤立行为会导致消极、困惑和难以抉择。所有的这一切都会导致非边缘性人格者陷入困境。

恐惧感。这种恐惧会从对现实的恐惧(边缘性人格者能够独立吗?),到对于矛盾的恐惧,再到对未知的恐惧。

义务、职责和任务。"在妈妈生日的时候,我怎么可以不去探望她呢?"

内疚。这会促使家人们(尤其是父母)失去判断能力,不惜做出一些可笑的事情去"开脱"自己。

低自尊。低自尊的人通常会试图通过表现出善良,来减轻自己的羞耻感。而"善良"则来自于牺牲自己,放弃自己想要的生活,从而弥补他们认为的不足。

救赎他人的需要。救赎者们通常都会从最美好的愿望出发,他们希望帮助别人。他们常常会不惜一切代价去维持太平,避免争端,甚至承担并非自己犯下的错误。最后,他们会觉得被动、愤怒和挫败。

为了摆脱困境，你必须采用不同的方法。不要过分关注边缘性人格家人，多关注一下你自己。努力做一个更为自我的人。

克莱格写道："要有你自己的选择。要明白，是由你来决定如何去对身边的人、行为和事件做出反应。你有选择，不一定会很有趣，但尽管如此，你还是会如此选择。从你的字典里剔除诸如'他让我……'或者'她逼我……'这类的话语，除非它们涉及法律文件。你可以换成，'我必须……'或者'现在，我选择……'然后，放开你的胸怀去接纳新的想法。如果你一直在做的事情没有效果，可以换一条路试试看。"

《边缘性人格障碍患者家庭实用指南》给出的建议包括：

- ☐ 变得更加真实。要按照你自己的想法和信仰行事

- ☐ 从过去汲取经验。这些感受熟悉吗？你是否曾经遇到过类似的情况

- ☐ 帮助他人，不要带着救赎的心态。要相信你的边缘性人格亲人有能力找出解决他们自己的问题的方法。这有助于帮他们建立起自信

- ☐ 让人们成为他们自己，而不是成为你希望的模样。传递健康的支持信息，诸如，"当你需要我时，我就在这里，但是你的选择你做主，带来的后果也要你自己承担。"

做出你自己的决定

明白有权做出自己的决定，你就迈出了第一步，就能够做出全新的选择，让你的生活变得更美好。

有时候，一些非边缘性人格者会认为，在这一段亲密关系中，自己是无助的，事实上他们只是被吓坏了而已。恐惧和焦虑并不等于无助。非边缘性人格者最典型的恐惧是，害怕自己想要设置界限并做出改变的努力，会招致激动与愤怒。因此，为了尽量避免边缘性人格者的负面反应，非边缘性人格者会将自己的状态描述为"无助"。不仅如此，相信自己是无助的，还有助于实现一个目的，就是推卸原本属于自己的责任，不必去做出改变或者创造一种更好的生活。你可能会想，如果自己是"无助的"，这就意味着你是一位受害者，其他人就不能因为现在的情况而随意责备你。

你必须明白，你确实有能力去改变自己的亲密关系，改变自己的生活，但一开始你很可能会觉得害怕。但如果不这样做，你就只能面对一种既不满足又不幸福的生活，并任由恐惧主宰你的选择和你的亲密关系。

> 恐惧和焦虑并不等于无助。

坚信你不应该受到恶劣地对待

有时候你是否会想，即便是在亲密关系中饱受折磨，也比孤身一人要好？有时候受伤害似乎比孤独一生更容易忍耐，但是在我们长长的一生中，虐待性的亲密关系会导致你失去自我，那才是最终极的孤独。自尊有问题的人面对责备和批评时会格外脆弱。他们觉得自己就应该被这样对待。他们会觉得如果离开这个人，就再也不会有人要他们了，即便是心理健康的人也会开始质疑他的自我价值。

亚历克斯（非边缘性人格者）

我必须反省一下，为什么会在一段情感虐待的亲密关系中耗费了那么多年。我不得不克服自己的恐惧，告诉自己应该和一个会真正对我好的人在一起，这个人既不会把我高高架起，也不会把我践踏进泥土里。

约翰（非边缘性人格者）

我意识到自己坚持这段亲密关系的一个主要原因是，我下意识地认为自己应该遭受到这些伤害和痛苦。现在我在努力改变这种想法，以免将来再被这样的女人吸引。

> 虐待性的亲密关系会导致你失去自我，那才是最终极的孤独。

不仅仅是非边缘性人格者，所有人都有权拥有健康的亲密关系。然而，在长年累月地忍受着过度批评、责怪和边缘性人格者的怒火之后，大部分非边缘性人格者都会开始质疑，自己是否还有权拥有一段健康的亲密关系。你是否坚信你拥有下列权利？

☐ 作为一个人，应当受到应有的尊重

☐ 去满足你自己的身心需求

- ☐ 付出应当得到感激，而不会被当作理所应当
- ☐ 能与你的伴侣进行有效的沟通
- ☐ 你的隐私权应当得到尊重
- ☐ 不必频繁地反抗他人的控制
- ☐ 对于自己和自己的亲密关系都感觉很好
- ☐ 彼此信任、肯定和支持
- ☐ 在一段亲密关系中，从内到外都会得到成长
- ☐ 保有你自己的观点与想法
- ☐ 可以自主选择维持或者结束这段亲密关系

如你所知，如果没有人挺身而出，这些权利既得不到尊重也得不到承认。你准备好捍卫自己的权利了吗？

面对自己希望被需要的问题

研究心理依赖性的专家梅乐蒂·贝蒂在《放手：走出关怀强迫症的迷思》(*Codependent No More: How to Stop Controlling Others and Start Caring for Yourself*，1987)一书中提出了一份问题列表，供那些认为自己必须去救赎他人的人参考。改编如下：

- ☐ 你是否觉得自己应该为其他人的想法、行为和感受负责
- ☐ 当有人告诉你自己的问题时，你是否觉得有责任解决这个问题

- ☐ 你是否会为了避免争端而忍耐自己的愤怒

- ☐ 你是否发现"接受"比"给予"更困难

- ☐ 你是否发现,在人际关系发生危机的时候,你会莫名其妙地感觉更好?你是否会避免选择那些生活一帆风顺的伴侣,因为你会感到乏味

- ☐ 有没有人告诉你,你就像是一位圣人,能够忍受某些人或者某些事?你是否挺喜欢这种感觉的

专心致志地去解决其他人的问题,对你来说是否比解决自己生活中的困难更吸引你?

关注你自己的问题

有些人发现,设法改变别人,比改变自己更简单;帮助别人解决问题,有助于逃避自己的问题。你应该问问自己:

- ☐ 如果远离了边缘性人格障碍患者,你是否明确地知道自己是谁

- ☐ 就在此时此刻,你是否过着自己想要的生活

- ☐ 如果你不需要全心应对与边缘性人格者之间的亲密关系,你生活中是不是有什么东西是你想要逃避,却不得不面对的

- ☐ 你会用多长时间去操心这段亲密关系

- ☐ 如果你和某人在一起的生活非常美好,那么现在这个时候你会做些什么

尼娜（非边缘性人格者）

因为我的男朋友非常明显地不正常，所以我慢慢忽视了自己的行为是不是正常。所以，我明白了一件事：只要我搞砸了什么事，就得马上诚实而坦率地承认错误，哪怕面对他的愤怒和指责也是一样。后来我意识到，我面对的边缘性人格男友的问题，就是我自己本来就存在的问题，只是被我夸大了。

我一直都认为，一切问题都要怪我生活中的那些疯男人，只要他们肯改变，那一切都会好转。某一天我终于清醒过来，发现就算像我这样心甘情愿地忍受痛苦，也不会有人发奖章给我，这是多么痛的领悟！

何去何从

问问你自己：

- [ ] 我怎么最后落到了这种境地

- [ ] 我从自己身上学到了什么

- [ ] 过去我做了什么选择，它们是现阶段对我来说最好的选择吗

- [ ] 是什么让我无法捍卫自我？对此我可以怎么做

- [ ] 在这段亲密关系中我要负什么责任？对此我可以怎么做

注意，我们既不是在为了过去发生的事情责备你，也不是为了你曾经做出的选择而责备你。但是只有你能够解决这些问题，而不是边缘性人格者，或者你的心理医生，或者你的朋友，一切只能靠你自己。很多开始反省的非边缘性人格者发现，他们在自己身上发现了无价之宝。

亚历克斯（非边缘性人格者）

和边缘性人格障碍患者在一起得到的最大收获是，我开始内省，开始了解自己是如何与他人相互影响的。虽然这些亲密关系让人如此痛苦，但我需要这些经历去成就今天的自己。

玛丽莲（非边缘性人格者）

我曾经是一个活得浑浑噩噩的人，但现在，我变成了一个活得清楚明了的人。有人说没经过现实考验的生活，是毫无价值的生活。我很开心地说，我的生活绝对是非常有价值的！

罗素（非边缘性人格者）

将这段经历看作个人成长和接受教育的机会，是很有帮助的，而不是将每一次矛盾和磨难看作一种无法解决的危机。我发现自己才是有问题的人，因为我厌恶对方的行为，所以我敞开胸怀，更深入地了解自己。这关乎我自己的选择，而无关于我的无助。从我自己的选择中，我能够学到更多东西。

在本章中，我们展示了更好地应对边缘性人格障碍行为的方法，只要从内心改变你自己就可以：要明白，你不能让边缘性人格者去寻求治疗，也不要认为边缘性人格者的行为是针对你，照顾好你自己，对你自己的行为负责就够了。

下一步，我们将要看看如何开始改变你和生活中的边缘性人格者互相影响的方式了。

第 6 章

认识你的处境：
设置界限，磨炼技巧

辨识强烈情感反应的"导火索"

当你或者边缘性人格者对某事产生激烈反应时,正是一个好机会,去找出你的情绪"导火索"或者是"敏感点"。"敏感点"或"导火索",是指积蓄已久的怨恨、遗憾、不安、愤怒和恐惧之类的伤痛,一旦被触发就会导致下意识的情感反应。无论是对你还是你身边的边缘性人格者来说,如果能够辨识出会导致情感反应的特殊行为、语言或者事件,就能够更轻松地预测与控制相关反应。

注意事态动向

> 许多家人发现,为他们关爱的边缘性人格者的行为写下日志,有助于帮助他们理解并客观对待对方的行为模式。尤其是对边缘性人格者的父母来说,做记录有利于帮助孩子得到恰当的诊断和治疗。

无论你只是单纯地去观察边缘性人格者,还是简略地记录他们的情绪和行为,你的目的都不是做出判定,而是不再因对方的行为做出情绪化反应,并且能够从中总结经验。如果在你的行为和边缘性人格障碍患者的行为之间并没有太多联系,你就能更清楚地明白,对方的行为并不是冲你来的。

如果看起来似乎是外部因素触发了边缘性人格障碍行为,你应该尽量判断可能涉及什么因素,比如:

☐ 边缘性人格者的一般心境

☐ 边缘性人格者的压力水平或承担的责任

☐ 当前时刻

☐ 是否喝酒

☐ 生理状况,比如饥饿或者疲累

☐ 即时环境

如果你能找出边缘性人格者的行为模式,他的行为就会更加容易预测。

波西亚(非边缘性人格者)

桑迪和我的儿子疑似患上了边缘性人格障碍。我们用一份电子数据表来记录儿子的情绪和行为。数值变化范围从 -10(极端沮丧)到 +10(极端乐观),0 则代表情绪不好也不坏。儿子的心理医生对我们的这份记录赞不绝口,这能帮他确诊我们的儿子究竟是患上了边缘性人格障碍还是躁郁症。

亨利(非边缘性人格者)

我从来不记日记,但在这十年里,我发现芭芭拉的情绪会在每六个星期发生一次循环。就像是这样：

1. 爆发，强烈的怒火，持续十分钟到数小时。

2. 沉默，持续二到五天。

3. 友善、愉快、亲切的行为，持续三四天。（当一切都很顺利的时候，芭芭拉会表示歉意，甚至会要求我去找出究竟是什么导致了她"疯狂的行为"。）

4. 一段长时间的情绪恶化，持续四到十个星期。芭芭拉会日渐挑剔，诸多指责，脾气也越来越坏。还会否认自己早前的道歉。最后，愤怒终于爆发，这个恶性循环又继续开始。

当我发现了这一模式后，我就知道该怎么应对了，这让我感觉局面更加容易控制。

非边缘性人格者的"导火索"

很多非边缘性人格者告诉我们，身边的边缘性人格障碍患者似乎都能发现他们的"敏感点"。当边缘性人格者感觉受到了威胁，就会有意无意地利用触发这些敏感点来保护自己不受痛苦影响。

例如，一位非边缘性人格者自尊心很弱，几乎没有什么恋爱经验，她和她的边缘性人格丈夫在高中时就结婚了。这场婚姻生活非常不幸，因为她的丈夫经常会在情感上虐待她。无论何时只要她提出离开，丈夫就会告诉她，没有人愿意要她，而且她既不聪明又没有才华，所以找不到好工作，也没法自力更生。

你身边的边缘性人格者说过的一些话，或者做过的一些事，有的也许非常伤人，有的也许对你来说就无关痛痒。不要冲动反应，先注意并且检查你自己的反应。对方的言行全都是实情吗，还是只有一点是真的？记住，对于对方的言行，你不需要照单全收或者全盘拒绝。先看看是不是有两极化（非黑即白的思想），过度概括（"你总是……"或者"你从不……"）以及不合逻辑的推论（"你从不带我参加聚会是因为你恨我"）存在。

某个敏感点被触发了许多次之后，即便是最轻微的触碰都会带来极大的痛苦。对于非边缘性人格者来说，敏感点可能会包含：

☐ 遭到边缘性人格者不公平的指责

☐ 需求、感受和反应被边缘性人格者无视或拒绝

☐ 被边缘性人格者过度赞美或崇拜（因为随后通常就会出现贬低和批评）

☐ 在愤怒和对外付诸行动的行为出现之前，可能会出现的状况（举例来说，一位女士只要一听到电话铃声响起就会开始发抖，因为她非常害怕自己边缘性人格的母亲打电话过来）

> 不要冲动反应，先注意并且检查你自己的反应。

FOG三要素——恐惧、责任、内疚

苏珊·福沃德和唐娜·弗雷泽在《情感勒索》（1997）中写道，让人们无法承受的情感勒索包括恐惧、责任和内疚——简称FOG三要素。这三项内容会干扰你的决定，将你的选择限定在情感勒索者为你划定的范围之内：

- □ **恐惧** 你会害怕失去某些东西：爱、金钱、认可、孩子的监护权，或者这段亲密关系本身。你会害怕自己的愤怒，或者害怕自己情绪失控。

- □ **责任** 福沃德说："回忆就像是被勒索者们控制的免费的电视频道，不停地重播勒索者们曾经给予我们的恩惠。当我们的责任感比自尊和自爱还要强时，勒索者们很快就能知道应该怎样占我们的便宜。"

- □ **内疚** 当你的正常行为触发了边缘性人格者，他可能会玩我们在第3章中讨论过的"鬼抓人"的游戏，并将令他们心烦的责任归咎于你。边缘性人格者不仅会指责你行为不当，还会指责你这种行为是故意要伤害她。你不仅不会质疑他的胡言乱语，还会因为内疚感而主动承担责任。

应对策略

辨识清楚你的"导火索"，能够更轻松地应对边缘性行为。相关策略包括：

- □ **为你自己而努力** 例如，非常自卑的女士可以去看心理医生，探究为何自我评价会如此之低。也可以去上一些本地大专院校的兴趣班来提升自己的专业技能，或者为了获得更高薪酬的工作而接受培训。这样她就会处于一种更好的位置上，从而能够更加客观，能够不那么在意边缘性人格者的批评，或者结束这段充满情感虐待的亲密关系。

- □ **向其他人求证现实** 如果你生活中的边缘性人格者指责你忘恩负义、愚蠢无能或者其他缺点，询问一下朋友们，他们是否觉得边缘性人格者所说的话属实。

☐ **尽量避开容易引燃你情绪"导火索"的情境**　你有权照顾好自己。

☐ **尽量减少明显的情绪反应**　如果边缘性人格者得知触发某个敏感点会得到他所希望的效果的话，他们就会有意无意地重复这种行为。

☐ **要明白你不能控制别人怎么想**　你不可能让所有的人都开心，最起码你不能让那些把自己的不愉快投射到你身上的人开心。不要再为边缘性人格者的精神世界负责，开始为你自己的精神世界负责吧。

> 你有权照顾好自己。

确定你的个人界限

个人界限或者边界，是为了告诉你，你应该到哪儿为止，别人会从哪儿开始。界限会定义你是谁，你相信什么，你如何对待其他人以及你让其他人如何对待你。界限就像一枚鸡蛋的蛋壳一样，塑造出你的样子，保护你。界限就像是游戏的规则，为你的生活带来秩序，帮助你做出属于自己的决定。

健康的界限是有弹性的，就像一块柔软的塑料片。你可以弯曲它，而它不会折断。但是当你的界限超出了它的弹性范围，就有可能被破坏，被侵犯。你可能会接受其他人的感受、责任，并失去你自己的观点。

另一方面，如果你的界限过于僵硬，人们会把你看作冷酷而无法接近的人。这是因为僵硬的界限会产生防御的效果，不仅仅是抗拒他人，还会抗拒你自己的感受。你会很难感受到伤心、愤怒或其他负面情绪，有时候也很难捕捉到幸福和其他正面情绪。你会觉得与其他人无法沟通，甚至与你自己的经历也无法联系起来。

在《放手：走出关怀强迫症的迷思》（1987）中，梅乐蒂·贝蒂说，设置界限并非一种孤立的过程。她写道：

设置界限，就是要学会无论发生了什么，无论我们去哪里，或者无论我们和谁在一起，都要关爱自己。界限植根于我们的信念中，告诉我们应该得到什么，不应该得到什么。

界限来源于我们对于个人权利更深层的感受，尤其是我们做自己的权利。当我们开始学会评判、信任和倾听自己时，界限就会显露出来。从我们对于自己所想、所求、所爱、所恨的信仰中自然而然产生的界限，是非常重要的。

个人界限不是控制或改变他人的行为。实际上，界限根本与他人无关，它们只与你自己有关，与你需要如何关爱自己有关。例如，你可能完全无法阻止爱八卦的亲戚没完没了地问你打算什么时候结婚，但你可以决定是否回答他们的问题以及你打算花多少时间去应付他们。

有时候你可以选择忽略自己的个人界限。例如，假设你的老父亲在一条结冰的道路上滑倒摔伤，他问你是否能暂时住到你家来，直到他痊愈。虽然你重视自己的隐私，但是因为你爱自己的父亲，所以你同意了。关键是你觉得自己是有选择权的。这就好像是送给别人礼物和被人抢劫之间的区别一样。

情感界限

情感界限是看不到的，它能将你的感受与其他人的感受区分开来。这些界限不仅会划分出你的感受的终点和他人感受的起点，还会在你感觉脆弱的时候保护你，在你对其他人感觉亲密和放心时，它也会帮助对方了解你。

> 有时候你可以选择忽略自己的个人界限。关键是你觉得自

己是有选择权的。

具有健全情感界限的人能够理解和尊重自己的思想与感受。简而言之，他们尊重自己，尊重自己的独特性。安妮·凯瑟琳在《界限：我始你终》(*Boundaries: Where You End and I Begin*, 1993) 一书中表示，"说'不'的权利能够强化情感界限。说'是'的自由也会强化对情感的尊重，对差异的接受和对表达的许可。"

情感界限健全的案例

这里有一些案例，说明了人们是用怎样的方式去尊重自己的思想和感受的：

- 丹认为他的父亲患上了边缘性人格障碍，他的弟弟兰迪则不认同这一想法。丹一年都没见过他的父亲了，而兰迪则会每周一次与父亲共进晚餐。尽管观点不同，但丹和兰迪可以很随意地交流彼此关于父亲的看法。他们也都非常享受这种兄弟感情，明白兄弟情不必受到父子关系的影响。

- 罗贝塔（非边缘性人格者）的恋人凯茜（边缘性人格者）非常讨厌罗贝塔和朋友们一起出去玩。每次罗贝塔出门时，凯茜也总是会得到邀请，但是她更想待在家里，因为她觉得罗贝塔的朋友都是"纯粹浪费时间"。

"不要去，"一天晚上，当罗贝塔穿戴完毕准备出门时凯茜恳求道，"没有你我很孤独。"凯茜含着泪说。罗贝塔温柔地提醒凯茜，一周之前自己就已经告诉她今天的计划了，这给了凯茜足够的时间去找到能供自己消遣的事情，或者约上一两个她自己的朋友。但凯茜只是不停地哭泣，"你肯定是不再爱我了。"她说。

罗贝塔回答道："听起来好像是我拒绝了你或者抛弃了你，这一定让你很痛苦。你可以就这么想，然后让自己感觉很糟糕；或者你也可以想想为什么你会怀疑我对你的爱。等我回家后我们可以好好谈谈，大概十一点左右我就会回来了。"

个人界限的好处

设置和坚持自己的界限也许会很困难，但是这么做绝对会获益匪浅。

> 界限能够帮助你处理这些问题，好让你不再觉得自己像傀儡般受人摆布。

界限能够帮你界定自己是谁

设置界限和力求认同感之间的关系，是错综复杂，紧密相关的。那些界限不够坚定的人，通常认同感发展得也不够充分。界限不坚定或者根本不存在的人，通常很难将自己的信念和感受与他人的信念和感受区分开来；他们通常也会将自己的问题和责任与别人的问题和责任搞混。由于认同感模糊不清，他们常常会采用他人的认同，或者单独为自己设定一个常见角色的身份。（举例说，母亲、上司，甚至边缘性人格者）。

而界限得到充分发展的人：

☐ 能够正确地区分自己与他人

☐ 能够认同自己的感受、信仰和价值观，并为此负责

- [ ] 将感受、信仰和价值观看作自己本身重要的组成部分
- [ ] 尊重他人的信仰与感受,即便和自己的不同
- [ ] 能够明白,在界定自己是什么人这个问题上,其他人的价值观和信念同样重要

界限为你的生活带来秩序

如果你总是要面对某人心血来潮的欲望,生活就会混乱失控。边缘性人格障碍患者总是想要改变规则,冲动行事,要求人们关注自己的计划,却无视别人的打算。界限能够帮助你处理这些问题,好让你不再觉得自己像傀儡般受人摆布。

界限还能帮助你弄清楚和他人的亲密关系,事前就设置好界限有助于防患于未然。

界限能让你感到安全

没有界限的人总是受制于人。当其他人摆布他们时,他们会觉得无助,只能听凭驱使。反之,有界限的人会觉得更能掌控自己的生活,因为他们明白,自己能够决定愿意容忍哪些行为。他们能够真心地对别人说不。这会带给他们安全感和掌控感。

例如,简和本已经恋爱了几个月。简一直都步履维艰,因为本无法确定自己对简的感觉。当本爱简时,她会觉得非常开心。而当本退缩不前,表示"只想做朋友"时,简就会觉得沮丧而困惑。

一天,本说有些事情要告诉简。"我在和其他人交往,"他说,"但我不知道她是不是我想要的那个人。我想和你们俩同时交往,直到我确定爱哪一个。"

明确的界限能让简保护自己,告诉本她要结束这段关系。由于

她有健全的界限，因此她知道自己的需求和本的一样重要。简可以告诉本，他的行为对自己造成了怎样的影响；简可以基于自己的价值观和信念评价本的打算。简知道自己可以有很多选择。比如其中一个就是告诉本，尽管自己很喜欢他，但她还是要结束这段感情，因为这种感情并不是她想要的。

界限会促进亲密感而不是羁绊

旧观念会认为，当两个人结婚后，他们就合二为一了。而现代的新娘新郎则更倾向于相信，一加一仍然是二。许多夫妻都曾经在婚礼上请证婚人诵读卡里·纪伯伦的《先知》(1976)[1]。在婚姻的道路上，纪伯伦呼吁夫妻们在彼此拥有的同时保有彼此的空间。

神殿里的柱子，也是分立在两旁；橡树和松柏，也不在彼此的荫中生长。[2]

纪伯伦描述的是健全的界限。相反，羁绊就好比是橡树和松柏生长得过于靠近，以至于枝条和根都缠绕在一起，很快就没有任何空间供双方成长了；每一棵树都会有一部分死亡，每一棵树都没有尽情生长的可能。

> 羁绊与妥协不同，妥协是在意识清醒状态下的给予和索取，羁绊则意味着否认了你的本质和你的需求，来取悦他人。

在《界限：我始你终》一书中，安妮·凯瑟琳说：

当双方都为了维持这段亲密关系而牺牲自我时，羁绊就产生

---

[1] 这是关于婚姻的一个章节。——译者注
[2] 冰心译。——译者注

了。相爱是激动人心，令人投入的。但真相是，这也是亲密关系中一种相当纠结的阶段。

能够确认对方的思想和感受都与自己的一模一样，这种感觉非常美妙。但毕竟人的观念各有不同，如何处理这个问题才是亲密关系的关键。

有时候恋人会变成羁绊，因为一位伴侣可能会迫使另一位放弃自己的观点、看法和选择。此外，一方可能会自愿接纳对方的观点，因为他们迫切地渴望能和别人更亲密。部分地否定自己好过孤独一人，至少一开始确实会这样。但是牺牲部分自我去取悦对方的问题是，这样终究无法长久。这样也许能撑过好几年，但最后你还是会发现，尽管可能得到了一段亲密关系，但却失去了你自己。为了和人分享自己，你需要有足够的自我认知，才能有东西展现给对方。即使你有良好的自我认知，亲密感也还需要时间、坦诚、客观的态度、倾听与接纳才能得到。

边缘性人格者与非边缘性人格者的界限问题

有些人格外幸运，有父母和其他行为榜样去教育他们关于个人权利和界限的问题，并让他们明白为什么自我很重要。不幸的是，在很多成年人的成长过程中，个人界限要么被伤害、被践踏，要么就根本不存在。在很多案例中，父母都毫无例外地会去侵犯孩子的界限与权利，或者强迫他们扮演不恰当的角色。

不同种类的侵犯界限行为，会导致孩子在成年之后产生不同种类的问题：

☐ 如果父母或者其他看护人怂恿孩子依赖别人，那么这些孩子长大成人后，可能就会认为自己需要他人才能完整

- ☐ 面对父母的冷漠或者遗弃的孩子,可能会很难从情感上与他人建立联系
- ☐ 控制欲强的父母会让孩子认为,其他人都没有权利
- ☐ 过分干涉的父母会让孩子难以发展自己的认同感

一些边缘性人格障碍患者童年时期曾经经历过性虐待或者身体虐待,这是个人界限中最可怕的侵犯。虐待、凌辱和羞耻会严重地伤害个人界限。遭受虐待的孩子会困惑不解:能让其他人对自己的身体做些什么,如何让其他人对自己付出情感,如何用适当的社交方式和其他人互相影响。

> 经历过虐待的孩子还学会了否定痛苦与困惑,或者是将它们当作正常的、正确的东西去接受。

童年时遭受过虐待的成年人会在自己与他人之间筑起牢固的高墙来保护自己,或者在身体或情感上退缩,鲜少表露自己的情感。另外一些人则正好相反,他们会变得过于开放,可能会主动与并不真爱自己的人发生性关系。

经历过虐待的孩子还学会了否定痛苦与困惑,或者是将它们当作正常的、正确的东西去接受。他们会认为自己的感受是错的,或者是无关紧要的。他们会学着只关心当下的生存问题——如何不再受到虐待,从而错失了重要的人生发展阶段。因此,他们在发展自己的认同感方面存在问题。

卡马拉（边缘性人格者）

我的父母无论从身体上、情感上，还是性方面都在虐待我。他们从未爱过我，没有关心过我的感受，所以我也从未有机会去体验自然的个性化、独立化的过程。

当我长大成人后，终于可以走进"真实"世界，去看见和听见美好的东西。但我对于"他人"毫无概念，也没有"界限"这种我从未听说过的东西。由于自我感知没有得到充分发展，因此对我来说，身边的人都是我自己的延伸。我恨我自己，我虐待我自己，所以我也恨别人，虐待别人。

当我试着去建立正常的亲密关系时，其他人的界限就是我最大的敌人。有界限的人能够说"不"。"不"就是在要我的命，让我痛彻心扉。人们觉得我索取无度，没完没了地胡搅蛮缠，掠夺、控制、操纵别人。但那其实只是一个得不到满足的、害怕的、被伤害的小女孩一面哭泣、一面挣扎着成长和求生。

当人们没有健全的界限时，他们就需要防御，而防御会伤害亲密感。这些防御手段包括：

☐ 控制

☐ 退缩

☐ 责怪

☐ 合理化

☐ 诉诸理智

☐ 骂人

- ☐ 完美主义
- ☐ 非黑即白思想
- ☐ 威胁
- ☐ 为了不存在的问题争吵
- ☐ 过分关心他人

"这些方式都能很轻松地逃避感觉和交流,"安妮·凯瑟琳在一次采访中说,"健康的选择是阐明你的真实感受。"

当然了,非边缘性人格者也可能会有很不坚定的界限。然而,他们会用不同的方式表达自己。边缘性人格障碍患者也许会拒绝为他们的行为和感受负责,而非边缘性人格者则会主动为边缘性人格者的言谈举止承担大部分责任。这种倾向可能是来自于童年时期的经历。在童年时期,一些非边缘性人格者可能会被寄予厚望,在情感或者身体方面照看他们的父母或者其他人。天长日久,他们就学会了否定自己的需求,去为他人的感受、思想和问题负责。

> "健康的选择是阐明你的真实感受。"

约翰(非边缘性人格者)

在我弟弟出生时我 11 岁。一年之后,我的双胞胎妹妹也出生了。我们家的钱总是不够用,这是真正的大问题。当我上初中时,我的工作就是放学之后马上回家,照顾我的弟妹们和准备晚饭。有一天,我看到越野田径队正在热身,我也想要加入,和他们一起奔跑。

但是当我请求父母让我加入田径队时，我的妈妈哭了，她说："我们需要你来看孩子，约翰。如果我辞掉工作来照顾孩子，我们就不得不搬到更差的地方去住了！"我的父亲很生气："你太自私了！你就不能替别人考虑一下吗？"

约翰的父母不让他把自己的需求和其他人的需求分开。为了维持父母的爱，他不得不否认自己的真实感受。而成年以后，他仍然否认自己的感受，因为这让他觉得熟悉，觉得更安全。在成长的过程中，约翰还形成一种想法，认为自己的感受无关紧要。所以当他和一位边缘性人格者建立起亲密关系时，就很难维持自己的界限，因为他本来在这方面就没什么经验。

来自过去的剧本

一些边缘性人格障碍患者总是不肯承担责任，而一些非边缘性人格者却总是承担得太多。他们并未意识到自己在反复重演由过去改编而来的剧本，边缘性人格者试图说服非边缘性人格者成为他们痛苦和愤怒的焦点，非边缘性人格者则会心甘情愿地满足对方的要求。

这种边缘性人格者和非边缘性人格者之间的"讨价还价"也许植根于一种深深的、强烈的无意识观念中，这种观念告诉他们在这个世界上怎么才能生存下去。对于边缘性人格障碍患者来说，与他人分离是非常可怕的感受，这会让他们感到被拒绝、被抛弃、孤苦伶仃。所以，边缘性人格者总是有意无意地阻止身边的人独立，或者独立的思考。

卡马拉（边缘性人格者）

在我的病情好转前，如果遇见毫无戒心的人，我会马上将他们当作猎物。谁不想要一个容易下手的对象呢？但是我所做的以及大部分边缘性人格者所做的，不是一个游戏，也不是一种找乐子的方式，而是生死攸关的大事。那些有健全而适当的界限的人让我感觉自己过于不完美，过于失控，过于脆弱。

作为回应，很多非边缘性人格者会尽量避免做任何可能激起边缘性人格障碍患者负面反应的事情，至少一开始不会。他们担心，如果坚持自我，就可能失去这段亲密关系，再也得不到爱，孤独一生。边缘性人格障碍患者只能用他知道的唯一方法去抚慰自己的痛苦，他能够巧妙地说服非边缘性人格者，让对方相信自己自私自利、不负责任、缺乏爱心。长此以往，非边缘性人格者就再也觉察不到，自己为了迎合歪曲现实的边缘性人格者，已经脱离了正轨。

挑战极限

没有界限，边缘性人格障碍行为会彻底失去控制。一些接受过我们采访的非边缘性人格者曾经做过这些事情：自愿不接与工作相关的电话，因为他们的边缘性人格妻子担心是其他女人打来的；容忍边缘性人格者的无数风流韵事，哪怕对方与他人私通导致怀孕或者患上可传染的性病；压根儿就不会表达出自己的任何需求，因为对方可能会指责他"欲壑难填，控制欲强"。

> 当你设置并维持个人界限时，你身边的边缘性人格障碍患者也会从中受益。

还有一些非边缘性人格者，因为边缘性人格者的批评而放弃了自己的爱好和友情；为了边缘性人格障碍患者的行为而向朋友和家人撒谎；忍受频繁的身体虐待；数十年都没有性生活；很长时间都不能离开家，因为边缘性人格障碍患者不肯独处；容忍边缘性人格障碍患者虐待他们的孩子。

> 过去你也许让某人侵犯过你的个人界限。但这并不代表你允许对方再次侵犯，除非你允许对方这么做。但首先，你得确定自己的界限到底是什么。

界限如何帮助边缘性人格者

一开始，设置界限可能会很吓人。所以务必要记住，你不是仅仅为了自己好才设置界限的。当你设置并维持个人界限时，你身边的边缘性人格障碍患者也会从中受益。实际上，当你让边缘性人格者侵犯你的界限，或压根儿不设置任何界限的话，就会让情况变得更糟。一些非边缘性人格者相信，放弃自己的所有需求，终究能够"感化"他们所爱的边缘性人格者。这并不是真的。

> 通过设置和维持界限，你的表现就能成为边缘性人格障碍患者和家庭中其他人的行为榜样。

乔治（非边缘性人格者）

我真的不在乎吉姆如何对待我。是的，她会做一些给我带来很多痛苦的事情。但是我学习过关于边缘性人格障碍的知识，我知道她忍受的痛苦远比我的多。我乐于让她的生活发生变化。帮助他人，不就是我活着的真正意义吗？

乔治的出发点是值得赞美的。但是放弃他自己的需求，在漫长的生活中对他的妻子没有一点好处，对他自己也没有好处。如果乔治会为吉姆的感受和行为负责，那她自己就不需要负责。如果她不能为自己的所作所为负责，她就不会去考虑她的行为对自己和身边的人造成了什么影响。除非她自己和其他人都认为她应该负责，而她也决定做出改变，否则她就永远不会好起来。实际上，她还会变得更糟。

在和吉姆的这段亲密关系中，乔治又能坚持多长时间呢？在很长一段时间内，为了与这个给他带来许多痛苦的人维持亲密关系，他又会甘愿放弃什么（朋友？安全感？自尊？）呢？这就是他打算为自己的孩子们做出的榜样吗？

如果你设置并遵守了合理的界限，并且知道应该如何去关注自己的需求，过自己的生活，你才会有更大的机会同边缘性人格者相伴更长久的时间，而且你们二人最后也更有可能幸福美满。通过设置和维持界限，你就为边缘性人格障碍患者和家庭中的其他人树立起好榜样。你坚定而且始终如一的界限也会帮助边缘性人格障碍患者最终设置起他们自己的界限。

设置界限的权利

一般，非边缘性人格者会需要借助外界来确认自己是否正好将界限设置在一个恰当的区域内。他们会想要知道，在某一条界限被侵犯时，自己是否有权利生气。

不仅仅是非边缘性人格者，很多人似乎都会把自己的感受分成两个部分：应当的和不应当的。让我们假设你有一个朋友苏，和你约好一起吃饭，却已经迟到了30分钟。如果苏最后虽然来了，却没有做出任何解释，也没有道歉的话，你就可以理直气壮地生气。但是如果苏最终也没有出现，第二天你才发现她遭遇了车祸，那么你可能会觉得自己先前的反应就是不应当的。

人们还会耗费大量时间去争论，在彼此的感受和需要方面，究竟谁才是"有理的"。当他们争论时，也许还会没完没了地纠结谁的欲望更"正常"。哈丽特·戈尔登霍尔·勒纳在《愤怒之舞》(The Dance of Anger, 1985)中批驳了这种想法的谬误之处：

> 我们中的大部分人私底下都认为"真理"站在自己一边，如果每个人都相信这一点，并且和我们做出同样的反应的话，这世界就会更加美好。已婚的夫妻和家庭成员们尤其容易这么认为，就好像真的有一种人人都会服从的"真理"一样。

但我们的任务就是阐明自己的想法和感受，并做出符合我们价值观和信念的负责任的决定。让其他人按照我们的意愿或者方式去思考与感受则并非我们的任务。我们必须放弃自己能够改变或者控制其他人的幻想。只有这样才能收回真正属于我们自己的力量——能够改变自我，并为了自身利益而采取全新的、截然不同的行动的力量。

让我们回过头来再解释一下苏的问题。你很生气，是因为她迟到了却没有打一个电话或者做一下解释。她的意思是你应该先走，别管她，自己吃饭，如果你没有这么做，那生气也只能怪你自己。

去争论你是否"应该"生气是没用的，因为事实上你已经生气了。你要做的就是告诉苏你的感受。苏要做的则是告诉你她的感受。你没必要，也不应该觉得必须说服苏，你的思维方式是最好的。相反，现在你知道了苏对于迟到的态度，那么只要保证自己将来不再会为同样的事情困扰就可以了。

"我自私吗？"

另外一个常见的陷阱是：认为如果自己有需要，那就是自私的表现。一位32岁的女士巴布说："我不确定我还能不能继续去努力取悦我的母亲。我每时每刻满脑子都想着要帮助她，但我有时候也会想,'忘了它吧,我再也坚持不下去了。'我这样想是自私吗?"

设置并维持界限不是自私。这是正常而且必要的。一些非边缘性人格者只要稍微地关心一下自己,就会给自己的行为贴上"自私"的标签。

特雷尔(非边缘性人格者)

当我还是个孩子时,"自私"就是我们家的一种侮辱方式。这是一种只有"坏"人才有的东西。后来我终于明白了,只有我能够开始关心自己的时候,才能真正地关心其他人。

设置界限的指导方针

在《边缘性人格障碍患者家庭实用指南》(2008)中,作者兰迪·克莱格在"用爱设置界限"这一章节中讨论过"五个C"的规划方法。下面就是简单的摘要。

阐明你的界限

帕特里夏·埃文斯在《语言虐待:如何认识和应对两性关系中的言语虐待》(*The Verbally Abusive Relationship: How to Recognize It and How to Respond*, 1996)中建议,一定程度上的权利是亲密关系的基本要素,包括:

☐ 得到对方的情感支持、鼓励和善意的权利

☐ 得到对方倾听,并得到善意和尊重的回应的权利

☐ 即便和其他人的观点不一样,也能拥有自己的观点的权利

- ☐ 个人感受和经历得到承认的权利
- ☐ 能自由地过一种没有过度谴责、羞辱、批评和判断的生活的权利

向自己提问这些问题，能帮你更好地理解你的个人界限：

- ☐ 什么在伤害你
- ☐ 什么让你感觉很好
- ☐ 你愿意为了亲密关系放弃什么
- ☐ 其他人做的什么事情会让你感到愤怒或被利用
- ☐ 你能毫无内疚地对别人的要求说不吗
- ☐ 你能接受其他人与你在身体上有多亲密
- ☐ 别人和你处在什么距离时你会开始感觉焦虑或者不舒服
- ☐ 你生活中的边缘性人格者会尊重你在身体方面的界限吗

不要指望能在一个晚上就坐下来回答完这些问题，甚至不要指望一个月能回答完。设置界限是一种长达一生的过程。

计算代价

没有界限会对你造成怎样的影响？克莱格写道："我们忙于过着日复一日的生活，没能详细地记录那些折磨我们的东西……我们忽略了这些东西，并希望它们会自己消失。"（克莱格，2008年）

考虑后果

牢记没有界限的话你会付出多大的代价，想想当你的家人侵

犯了你的界限时，你该怎么做（没有如果！）。让结果与你的界限相称。

创造共识

理想上说，整个家庭都应该采用统一的行为方式。

考虑可能的结果

在边缘性人格者有所好转之前，他们可能会采取对抗手段考验你，看你是不是来真的。这可能会让情况变得更坏，所以你要做好准备。如果事情变得对你和你的家人来说都不安全时，你就需要去寻求专业的帮助了。

> 设置界限是一个长达一生的过程。

化解怒火与指责

史蒂夫（非边缘性人格者）

我读过一个故事。一位修道者去拜访禅宗大师，大师正在喝茶，修道者坐在大师对面。禅宗大师拿着一根手杖，说："如果你喝了你的茶，我就会用这根手杖敲你；如果你不喝你的茶，我也会用这根手杖敲你。"所以你要怎么做？好吧，我知道该怎么做了——拿走他的手杖。

在第5章我们讲过的解离和超然的方法，就类似于"拿走手杖"的方法。在本章中涉及的化解方法也会取得相同的效果。一开始，你可以在日常生活中练习本章中的方法，当然最好是和一位没有边缘性人格障碍的人配合。

> 当你处在一种极为激烈的真实情况中时，如果生气、惊慌或者忘记了这些方法，也不要担心。这都在预料之中。记住，你要做的事情即便是经过训练的专业人士做起来也十分困难。每取得一次小的进步，你都要奖励自己一下。

选择一种平和的交流方式

良好交流的第一步是成为一个好的倾听者。当轮到你倾听时,你要认真地听,不要一直去想着自己接下来要说的话,不要为自己辩护,不要充耳不闻,即便是对方拿你从未做过或说过的事情来指责你也一样。稍后你会有机会去澄清的。

注意对方的言辞、肢体语言、表情和语调。这会帮助你了解对方的感受。边缘性人格障碍患者并不总是能够把握自己的情感,而通过近距离的倾听,你就能听出对方的言外之意,察觉到隐藏在表面之下的情感。

玛丽·琳妮·海尔德曼在《言辞伤人:如何不让批评侵蚀你的自尊》(*When Words Hurt: How to Keep Criticism from Undermining Your Self-Esteem*,1990)中说:

倾听需要集中与正念。你必须将所有的注意力都集中在讲述者身上,忘记自己想说的话。无论最后你是否认同他人对你的批判性的看法,倾听都会给你学习的机会。

海尔德曼认为,妨碍倾听的因素包括只想着自己的观点、内心的杂念、笃定自己已经知道其他人打算说什么以及曲解讲述人表达的信息以满足自己的期望。(想要了解更多关于正念的问题,参见附录B。)

> 表现出你在倾听的方式包括:保持沉默,在讲话前停顿,保持目光交流(除非这会让对方感到威胁),身体前倾靠近讲话者,不要交叉双臂抱胸以及适当的时候点头示意。

复述与反馈倾听

用"我"来造句。 在回应边缘性人格者时，要用"我"而不是"你"来造句。你不可能读懂别人的内心，你会误解别人的目的和感受。但你却是一个研究自己的专家。如果你先描述自己的情绪和动机，再让其他人也这么做，你就不会出错。

假如，你和你的工作伙伴谢尔比在工作时必须都专门接听电话，但看上去似乎你接得更多一些。谢尔比的午休时间很长，有时候一下子离开办公室好几个小时。而当他在办公室里时，还会要求你帮他接电话，因为"他很忙"。

所以你决定与谢尔比谈一下。下面的示例就是用"你"来造句，所有的内容都是对谢尔比的想法的假设：

- □ "你把这些事情全都推给我真是太自私了。"

- □ "你午饭吃那么长时间，就是为了少接听几通电话。"

- □ "你一定觉得自己是全公司最忙的人吧。"

没人喜欢听别人这么猜测自己的意图，至少所有的边缘性人格障碍患者都不喜欢。再加上这种句式意味着批评。如果你误会了谢尔比吃午饭时间过长的原因呢？即便你是对的，你说谢尔比自私、自大，他又有多大的概率会认同你的言辞呢？记住，感觉自己被贬低，是边缘性人格障碍行为最主要的"导火索"。换一种说话方式有助于你避开雷区。

按照下面的示例，用"我"来造句，面对谢尔比时，你要用自信的语气和肢体语言。不要支支吾吾，也别因为自己对他有意见而表现出歉意。

- □ "我感觉好像我接听的电话更多一些,我很困扰,因为这让我没法完成自己的工作。我们能坐下来谈谈这事儿吗?"

- □ "我很难完成我全部的工作,因为老是要接听电话。我的理解是这是一份我们两人应该平均分摊的任务。我想找个时间跟你谈谈这个问题。"

> 通常,"我"开头的句式会降低人们的戒备心理,更容易让人放开心胸去研究解决问题的方法。然而,对于边缘性人格障碍患者来说,即便你真的使用"我"来遣词造句,他也很有可能会听成是"你"开头的句式。但不要放弃,过一段时间,边缘性人格障碍患者就会开始听明白你真正在说什么了。

复述关键点。在与边缘性人格者交流时,复述他们的感受和话里的关键点,有助于表现出你在积极地倾听对方。这并不意味着你要同意对方所说的话。从事服务业的人员通常会被告知,平息顾客怒火的最好方式之一,就是表明你理解对方的感受,但这不意味着公司方承认自己有错,只是表示公司方确实在意给顾客造成的不愉快。

海尔德曼建议复述或重复讲述者言辞中的关键点,来表明你希望理解对方所说的话。找一种属于你自己的复述方式,才能给人一种自然而然的印象。

慎用解释。注意不要去解释对方所说的话,那只会让对方愤怒而且抵触。在复述和解释之间是有区别的:

边缘性人格者：

"你从来都不会主动打电话给我，一直都是我打给你。我不明白，你是否真的想和我做朋友，还是打算跟其他人一样拒绝我。我现在真的非常伤心。你的行为，就和我的前男友瑞克一样，他说他无法跟一个患有边缘性人格障碍的女孩交往。你们都让我觉得讨厌！我也不想得这种病，你知道的。我希望你们俩都下地狱。"

非边缘性人格者（复述）：

"听起来你真的非常难过，因为你觉得我最近都没有打电话给你。从你说的话里，我感觉你好像非常担心我不再和你交往，我的行为就好像瑞克以前做的那样。"

非边缘性人格者（解释）：

"听起来好像你把我和瑞克弄混了，因为他离开你，所以你假设我也会离开你。你一定还在为了瑞克的事情痛苦，所以才迁怒在我身上（注意此处的解释和'你'开头的句式）。"

保持中立。 反馈倾听是另一种有助益的沟通方式，你可以告诉讲述者你对于他/她的感受的看法，表示你确实在倾听，确实关心对方。海尔德曼说：

我们都会有情绪，质疑他人的情绪，或者告诉对方不要有那样的情绪，都是毫无意义的。无论如何，中立地观察其他人的感受，是个让对方开诚布公的好方式，能够给他/她保有一定的空间。

你没有必要"正确"地描述其他人的感受，只要诚恳地观察，通常就足够打开对方的心门了。（海尔德曼，1990年）

如果对方的情绪很明显，你可以将自己的观察总结成一句简明的话，比如，"我能看出来你非常生气"或者"你现在看上去非常伤心"。如果对方的感受略显微妙，难以明确的话，你最好还是问一个问题，"现在你是不是害怕我可能会和你离婚？"避免过度的试探，因为你的目的是帮助对方表达感受，而不是分析对方。

海尔德曼说："如果讲述者一直在批评你，那么反馈倾听就会很难。但如果你能保持冷静和自控的话，讲述者就能够释放出一些愤怒情绪，很可能会感觉好一些。而且，借由让对方自由地表达感受，你也能体现出自己的坦诚。"（海尔德曼，1990年）

边缘性人格障碍——特殊交流技巧

下列一些建议改编自玛莎·林内翰的工作手册，《边缘性人格障碍治疗手册》(*Skills Training Manual for Treating Borderline Personality Disorder*，1993b）。

☐ 将焦点集中在你要表达的信息上

当你与人交谈时，对方可能会打击你、威胁你或者转变话题。发生这种状况可能是由于几个原因。例如，对方也许想要转移你的注意力，因为你触碰到了他的敏感区域。忽视这种令你分心的企图，你只要平静地继续阐明自己的观点即可，如果可以的话，稍后再转回到其他话题上。

☐ 简明扼要

讨论一个敏感话题时，或者假如边缘性人格障碍者看起来有些不安时，要简明扼要地说话。你和边缘性人格者也许都情绪激动，令你们都没有太多的精力去进行更高层次的思考。那就把你的每一句话都变得简明扼要、直截了当。不要留下任何误解的余地。

☐ 给出积极的反馈，合乎你们双方的亲密关系

一位边缘性人格者说："我试图集中精力注意自己所做的事情哪些是正确的，但是大部分时间，我身边的人都在不停地提醒我，'你的心理有问题；你是边缘性人格障碍患者。'我努力地想去寻找自己发展的潜力，寻找一个能让我快乐而有价值的未来。这样做太不容易了，因为那些人给我贴上边缘性人格障碍的标签，拒绝承认我的个体化和成长的可能性。"

☐ 提出问题

把问题交给他人。看看对方是不是有可替代的解决方案。例如，试着说："你觉得我们现在能做点什么？"或者"我不能答应你，可是你好像很希望我答应。那我们应该怎么解决这个问题呢？"

☐ 明白你自己的语气语调和非语言交流方式

这些方式跟你使用语言进行交流效果差不多，甚至还要更好。要平心静气、口齿清晰而充满自信地讲话。

> 在说明你想要的和需求时，一句话结束时不要提高声调，就好像你在提问一样。这叫作"升调话语"，它会削弱你说话的效果。

回应抨击与操纵

有时候，我们在前面几章中讨论过的回应方式并不合适，因为边缘性人格者会"篡改"你的话，而不会开诚布公地告诉你，你

的哪些言谈举止令他们感到困扰。在这几类情况中，你会感觉被攻击、被操纵或是被打击。案例如下：

- ☐ "你的姐姐一向都比你好。"
- ☐ "如果你是一个好家长，我就能成为一个好孩子。"
- ☐ "我看你又要和你的朋友们出去了。"（用一种不赞同的语气说）
- ☐ "你就是这么想的。"

海尔德曼（1990 年）写道，大部分人会用自己在儿时学到的行为去回应批评。她建议面对这类行为要做到"四不要"：辩解、否定、反击和退缩。你应该避免这四种类型的反应。

☐ 不要辩解

千方百计向他人证明，你真的没有做错什么，会让你看起来愚蠢、幼稚和充满内疚，哪怕你确实没有犯错。

☐ 不要否定

你可能会否定，因为你真的不需要为他人指责你的那些事情负责。但是反复地否定也会让你显得像个小孩子一样幼稚（"我没做！""你做了！"）。

☐ 不要反击

你可以反击边缘性人格障碍患者，试着去赢得争论或者发泄你的感情。但当你这么做时，就会坠入边缘性人格者无意中为你布下的投射与投射性认同的陷阱中去（见第 3 章）。

☐ 不要退缩

当非边缘性人格者意识到辩解、否定和反击没有用时，他们常常会退缩。一些非边缘性人格者会拒不开口，另一些则会转身离开，还有一些人学会脱离现实。如果你觉得被攻击，离开并不是错误的。实际上，有时候这反而是件好事（见第 8 章）。伤害来自一味地消极与沉默。承受对方的批评，你的个人感知能力与自尊都会变差。

化解方法

下列是一些海尔德曼建议的更好的反应，有助于化解对你的批评，增强你的能力。如果你采用这些建议，请真挚、自然、中立地讲话，避免无礼地讲话，不要反击。同样，这些方法也要慎用，因为你永远都无法预知对方的反应。同样的方法用在不同的时候，也许会引发不同的反应。

> 请真挚、自然、中立地讲话，避免无礼地讲话，不要反击。

部分同意

批评："我看你又要和你的朋友们出去了。"（用一种不赞成的语气说）

回答："是的，我要出去了。"

***

批评："当我像你这么大时，从来都不会穿成这样去约会。"

回答："对，你很可能不会。"（用一种迁就的语气说）

***

批评:"我简直没法相信,你不让我和我的朋友们出去,只是因为你在我的房间里发现了一点大麻。如果你不是我的妈妈,我的生活一定会过得更好。"

回答:"没错,我不会让你和你的朋友们出去,因为你在吸大麻。"

认同批评者可能正确

批评:"我出轨了。这不是什么大事!"

回答:"有些人也许觉得,自己的丈夫出轨不是什么大事。但我不是那样的人。"

***

批评:"你怎么能不请妈妈来参加聚会呢?有时候她表现得是有点奇怪,但她毕竟是你的妈妈!"

回答:"是的,她是我的妈妈。有些人会邀请他所有的亲戚,无论他们表现得是不是正常。我相信我妈妈可以控制她自己的行为,但她总是会说一些离谱的话,让人心里不痛快,所以我觉得邀请她让我心里不舒服。"

承认批评者有自己的观点

批评:"孩子们都属于母亲而不是父亲。我知道法官也会这么想。"

回答:"我能看出来你对抚养权抱有强烈的意见。法官可能会和你想的一样,但也可能不会。"

***

批评:"如果确实有人患上了边缘性人格障碍,那也是你,不是我。"

回答:"我能看出来你并不同意心理医生的话,你不觉得自己患有边缘性人格障碍。"

适时表现出一些小幽默

批评:"我不敢相信你居然忘记买木炭了。那我们要怎么烤这条鱼?"

回答:"好吧,我们不是总说想要尝尝生鱼片吗?"(绝无嘲讽的口气)

可以先在比较安全的情况下练习化解愤怒的反应。而且无论效果如何,都要为你自己的努力表示鼓励。

在本章中,我们帮你打下了必需的基础,有助于你和边缘性人格者的亲密关系出现重要的转变。在下一章里,我们将会告诉你如何实际地与身边的边缘性人格者讨论这种人格障碍问题。在继续阅读下去之前,确保你彻底理解了本章中给出的这些内容。

你应该对下列内容有清晰的理解:

- [ ] 能够触发边缘性人格障碍行为的因素以及要明白当你触发了边缘性人格障碍行为时,不应该因此而受到责怪

- [ ] 你身边的边缘性人格者如何引发你的恐惧、责任和内疚感

- [ ] 个人界限(边界)对你们的亲密关系有何助益

- [ ] 你希望边缘性人格者能够遵守的个人界限

- [ ] 讨论你的"权利"对于设置界限来说毫无意义,问题不是在于"权利",而是在于你的个人感受——你希望得到怎样的对待

- [ ] 如何进行良好的沟通

在下一章中,我们将会研究一下,当面对你生活中的边缘性人格者时,应该如何开始有效地表达你的需求。

第 7 章
自信而清晰地申明你的需求

我一而再、再而三地告诉边缘性人格妻子我有多么的爱她，我永远都不会离开她，称赞她是一个美丽而聪明的人。但这永远都不够。如果一位女性售货员在递给我零钱时手指无意中碰到我的手，妻子都会指责我和对方调情。想要填满边缘性人格者内心的情感黑洞，就像是试图用水枪去填满科罗拉多大峡谷一样——唯一的区别在于科罗拉多大峡谷是有底的。

——来自"欢迎来到奥兹国"网络支持群组

你可以用两种主要方式回应边缘性人格障碍患者：

像海绵或者像镜子。

一般，对于同一个人也能同时用上这两种方式：

有时候如海绵般全盘吸收，

有时候如镜子般原样奉还。

不再"海绵式吸收",开始"镜面式反射"

一些非边缘性人格者会承受边缘性人格者的投射,全盘吸收他们的痛苦和愤怒(海绵式吸收)。这些非边缘性人格者可能会产生幻觉,认为自己是在帮助边缘性人格者。但是实际上,如果不将边缘性人格者的痛苦感受反射回它们原本主人的身上(镜面式反射),其实就相当于鼓励边缘性人格者使用这种防御机制。这就更有可能会导致边缘性人格者日后继续使用这种防御机制。

那些像海绵一样逆来顺受的人说,感觉自己就好像是在试图填满边缘性人格者内心空虚的黑洞一般。但是无论他们给予了多少爱、关心和忠诚,都永远不够。所以他们会责怪自己,然后做出更加疯狂的努力。同时,边缘性人格者会感觉到胸腔中的空洞令他们痛苦得难以忍受,迫切希望非边缘性人格者更努力、更快地拿出行动去填补那空洞。如果边缘性人格者采用了向外诉诸行动的方式,她也许会谴责非边缘性人格者偷懒或者对她的痛苦漠不关心。如果边缘性人格者采取向内诉诸行动的方式,她也许会含泪乞求非边缘性人格者帮自己结束这种痛苦。

但这些都只不过是一种障眼法,妨碍边缘性人格者和非边缘性人格者找到真正的问题所在。因为这种空虚属于边缘性人格障碍患者，因此唯一能够填满它的也只有边缘性人格者本人。

> 这种空虚属于边缘性人格障碍患者，因此唯一能够填满它的也只有边缘性人格者本人。

坚定地遵守你的界限

不要陷入到边缘性人格者的指控、责备、不切实际的需求和批评中去。不要如海绵一般吸收其他人的痛苦，而要尝试着：

- ☐ 无论其他人怎么说，都要坚持你自己对现实的感觉

- ☐ 将痛苦反射回其来源，也就是边缘性人格障碍患者身上

- ☐ 要坚定信心，相信边缘性人格者能够学会如何应对自己的感受

- ☐ 给予支持

- ☐ 要明白，边缘性人格者是唯一能够控制他们自己的感受和反应的人

- ☐ 用你的行动表现出你的界限，即哪些行为你能够接受、哪些不能接受

- ☐ 清晰地申明你的界限，并坚定地遵守它们

你可能也需要采取步骤去保护自己或者孩子，这不是在评判某人的行为或者给某人的行为贴标签，而是因为你重视自己，重视你的感受。这些步骤应该包括：

- ☐ 让你或者你的孩子脱离受虐待的境况
- ☐ 让边缘性人格者为自己的行为负责
- ☐ 申明你自己的感受与愿望
- ☐ 无视辱骂或者挑衅的行为
- ☐ 拒绝与暴怒的人讲话
- ☐ 拒绝让某人在公众场合给你难堪
- ☐ 直接说"不"

你的底线是什么

你必须要知道在不同情况下，自己的底线是什么。这也许有助于你彻底地想清楚，如果有除了边缘性人格者之外的其他人用同样的方式对待你，你打算怎么做。例如，如果你在杂货店遇到一名陌生人，突然开始用与边缘性人格者同样的语气对你讲话，你要怎么办？如果你会采取方法阻止一名陌生人用这种方式对待你，那为什么不采取方法去阻止边缘性人格者做同样的事情呢？如果你关心边缘性人格者的行为对孩子可能会造成影响，那么如果你孩子老师的所作所为与边缘性人格者一样时，你会怎么做？你认为哪一个人的行为危害性更大：来自老师的虐待还是来自看护人的虐待？针对这些疑难问题，另外一种思维方式是去考虑一下，如果你的朋友或者爱人处在同样的情况下时，你会给对方什么样的建议？然后问问你自己：这些建议对你来说是不是也适用？

> 避免"全部"或者"从不"这样的词语。不要在思考每一件事情时都只有"这样"或者"那样"的答案，要一口气找出三种以上的选择。

如果你发现在这些情况中，自己感到无助，可以去看心理医生，探索并设置你的个人界限。这不仅仅会对你与边缘性人格者的亲密关系有所帮助，还会对你所有的人际关系有好处。

帮助你"镜面式"反射边缘性人格障碍行为的策略

和一位心烦意乱的边缘性人格者交谈时，你可以使用一些特殊的策略帮助你反射边缘性人格障碍行为，而不是全盘吸收这些行为的影响：

1. 深呼吸。在有压力时，人们的呼吸可能会变得短促而轻浅。战斗或逃跑反应开始发生作用，有逻辑的思考就会变得困难。这种反应同样也会发生在边缘性人格障碍患者身上。慢慢地、深深地呼吸能够帮助你安下心来，有逻辑地思考，而不是简单地做出情绪化的反应。

2. 坚持着眼于灰色地带。非边缘性人格者往往会认可边缘性人格者的防御机制，比如分裂或者非黑即白地看待事物。记住，世间种种局面之内都存在着微妙之处。不要被其他人的极端反应牵着鼻子走；相信你自己的直觉，形成你自己的判断。

3. 将你的感受同边缘性人格障碍患者的感受区分开。在第3章里，我们解释过，边缘性人格者通常会采用投射的方式让其他人代替自己去感受。你也许需要不断地自省，去判断哪些是你的感受，哪些是别人的感受。如果你感到无助或愤怒，这有没有可能是因为其他人将自己的无助或者愤怒投射到了你身上？

4. **验证自己的观点并保持开放的心态。**边缘性人格者也许会说出一些你明知不实的"事实"，或者会提出你强烈反对的观点。然而，边缘性人格者可能有非常敏锐的感知力，所以客观地考虑一下他们所说的话。如果在思考之后，你仍然不认同他们的话，那就提醒自己，你对现实的观点和其他人的观点是一样合理的。但你仍然要确认一下自己的感觉，是不是和边缘性人格障碍患者的感觉差不多。

5. **把握时机。**提出某些话题，会有好的时机和坏的时机。如果不知道因为什么原因，令边缘性人格者感觉被否定、被抛弃，或者生活中发生了一些事让他觉得自己毫无价值时，无论你说什么，他/她都会做出激烈的反应。那么你就应该暂缓交流，等对方平静下来之后再说。

6. **了解你自己的情绪。**如果你觉得自己很脆弱、孤独或者悲伤，甚至觉得疲劳或饥饿，你可以等一等，直到自己感觉好一些再说。

7. **记住你可以选择自己的感受。**一个人想要选择什么样的感受，主要还是由他/她自己决定。如果边缘性人格者说："你是这个世界上最糟糕的妈妈。"你可以选择相信这句话，然后感到内疚；或者选择无视这些话语，因为你知道这不是真的。

> 不要被其他人的极端反应牵着鼻子走；相信你自己的直觉，形成你自己的判断。

争辩之前先认清事实

边缘性人格障碍患者也许会不知不觉地篡改自己眼中的现实，以配合他们对某个情况的感受。这也许会导致他人与边缘性人格者针对事实真相争论不休，这种做法恰恰忽略了问题的根源：边缘性人格者的感受。思考一下，下面的案例告诉你如何应对边缘性人格者的感受，同时对他们口中的事实既不用表示同意，也不用提出异议。

事实：辛西娅是十几岁的边缘性人格少女杰西的母亲，她偶尔会在晚上有朋友来拜访的时候和朋友一起喝一杯酒。

感受：当辛西娅招待朋友时，杰西就会觉得自己被忽视，感到沮丧和愤怒。

杰西的"事实"：由于羞耻和分裂机制的缘故，杰西不能为自己的负面感受负责。相反，她指责自己的妈妈，认为是妈妈令她产生了这些感受，并且认定妈妈有酗酒问题。对于杰西（和其他边缘性人格者）来说，如果某种解释**感觉上是**对的，那它**就是**对的。不符合边缘性人格者理论的事实，可能会被否定或无视。

如果杰西指责她的妈妈是酒鬼，而辛西娅立即开始为自己辩解（这是一种自然的反应）的话，杰西就会认为妈妈的意思是说："你错了，而且你这种感受是不好的。"然后她就会更加生气，因为妈妈否认了她的感受。不仅如此，真正的问题是杰西的被抛弃感并没有得到处理，所以什么问题都解决不了。

辛西娅应该在对杰西眼中的事实展开争论之前，先处理杰西的感受，然后在杰西能够倾听交流的时候再分享自己对于现实的观点。在下面的示例中，注意辛西娅是怎么做的：她让杰西先充分地表达出自己的感受，然后再提出自己对现实的看法。辛西娅并没有先处理自己是否是一个酒鬼这个问题，因为这涉及现实情况。而在杰西的边缘性人格障碍世界里，此时此刻的个人感受才是最重要的问题。

杰西：（愤怒地）你已经在门廊那边和你的朋友喝了好几个小时的酒了。你就是个酒鬼！

辛西娅：你看起来很生气，很烦躁。

杰西：那还用说！如果你的妈妈是个酒鬼你会怎么想？

辛西娅：（真诚地）我肯定也不高兴。这会让我感觉害怕，还会担心她不能够照顾我。你也是这么感觉的吗？

杰西：我真是快要气疯了！明天我会打电话给虐待儿童热线。我要告诉他们我的妈妈在家里整天喝得醉醺醺的！

辛西娅：没人想要一个整天在家里喝得醉醺醺的妈妈。这听起来你认为我就是这样的。你有权利保有你自己的感受和观点。虽然我看待这件事和你不一样，但是我也有权利保有我自己的感受和观点。我是这么看这件事的，我每天都忙得要死，而且我并没有经常喝酒。即便是我喝酒了，我也没有喝得醉醺醺。现在我并不觉得自己喝醉了，而且也不相信我看起来像喝醉了的样子。

杰西：你已经喝得太多了。你的样子和外公喝醉的时候一模一样。为什么你要和你的朋友在家里喝酒？我讨厌你的朋友。她们都是一群自命不凡的泼妇。

辛西娅：我知道你不喜欢我的朋友。你有权利保有你对她们的看法。我们没必要都喜欢相同的人。

杰西：我不明白为什么她们老是要来我们家。

辛西娅：我知道在你看来，好像她们老是在这里。实际上，我已经有好几个礼拜没有见过罗妮和玛塔了。我和她们在一起很开心，就像我和你一起去逛街、吃饭的时候我也很开心，比如昨天我们俩一起去挑选了你的毕业舞会礼服，然后又一起去吃了汉堡，喝了奶昔。我们一起过得非常开心，记得吗？

杰西：（平静了一些）当然。但我只是希望你不要再和她们一起喝酒了。

辛西娅：（宽容地）是的，我知道你不喜欢这样。

注意，辛西娅对杰西的感受做了反射，但并没有认同她喝酒就等于喝醉的说法。当然，受到这种讲不清道理的无礼指责是很令人沮丧的事情。这不公平。辛西娅可以选择上楼自己待着，咬牙切齿，满肚子的火气，巴不得杰西爱上哪儿上哪儿去。但她最后还是成功地和女儿进行了交流，谈谈到底是什么让女儿如此烦躁。此外，辛西娅表达了自己的观点和观察结果，也并没有反驳说杰西的观点是错的。这也是相当成功的。

在这些情况下，记住你在第 3 章中学到的关于发展的三个阶段，会有所帮助。杰西看上去就像一个成熟的年轻人，说起话来也像是一个成熟的年轻人。但是从情感上说，杰西还是一个幼稚脆弱的孩子，假如她觉得妈妈不知道或者不在意自己的存在，就会认为自己被妈妈抛弃了。但杰西并没有像个孩子那样哭着要妈妈，而是大吼大叫，出言威胁。她孩子一样的感受带来了真正成人化的后果。这就是边缘性人格障碍的本质。边缘性人格者通常无法表现得像个成年人，如果你还期待他们做出符合自己身份的行为；或者你察觉了自己内心因他们而产生了负面情感并为此自责的话，就会让你自己更加举步维艰。

> 预期可能会出现意外。接受你自己的真实感受,并且要明白,所有和你面对相同情况的人都会自然而然地产生这些感受。透过边缘性人格者的外部看本质,要知道就在此时此刻,他们也许做不出大部分人都认为"正常"的行为。

准备进行讨论

与边缘性人格者讨论你的个人界限问题,你应该先做好准备。按照下面这些要点去表达你的界限:

☐ 具体

"我希望你能更尊重我",这就是一句模糊不清的话。尊重究竟是什么,你怎么知道自己有没有得到尊重?

"我希望你不要再为了你的疾病而责备我。"就是具体而可衡量的。

☐ 一次只交流一个界限

边缘性人格者可能会用各种各样令你感到无法忍耐的方式对待你。但是你希望他们不要为所有的问题责备你,不要大吼大叫,不要辱骂你,如果要求边缘性人格者一次全都做到就有点过度困难了。选择从其中的一项开始做起。

☐ 从简单的东西开始做起

要求一个人不要再辱骂你,也许会比要求对方不要再责怪你要简单一些。从简单的东西开始做起,可以增加成功的概率,建立起你的自信。

- [ ] 和一位好朋友进行练习

和一位朋友根据相关情况进行角色扮演。多练习几次，每次都换一种边缘性人格者可能做出的反应。不要觉得你必须争分夺秒，一气呵成；无论是在角色扮演练习中，还是真实事件中，你想要用多长的时间去思考和反应，可以随你的心意。很多事情赶到一起，会更容易处理。只不过需要花费时间而已。

- [ ] 考虑回报

保持你个人的完整性，能让你感到力量、自尊、自信、希望和自豪。

认清你的现实并且坚持下去

有时候，真相并不是轮廓鲜明的。我们采访过的很多非边缘性人格者都说，他们总是不敢相信自己对现实的认知，因为他们生活中的边缘性人格者不仅坚持己见，而且很容易说服别人，他们自己是对的，而非边缘性人格者才是错的。

让我们来看看非边缘性人格者莎拉和她的边缘性人格母亲玛利亚的故事。

莎拉告诉玛利亚，如果玛利亚再在电话里指责和批评她的话，她将不再听电话。莎拉还限制了她母亲每周可以给她打电话的次数。

"我永远都不会这样对待我的母亲！"玛利亚厉声说，"你怎么可以拒绝和你自己的妈妈通电话？你怎么能够这样伤害我的感情？我怎么会养育了一个这么忘恩负义、自私自利的女儿？"

莎拉的父亲乔治同意玛利亚的看法。他把莎拉带到一旁说："你妈妈就是那样，莎拉。她控制不了自己。做个好女儿，好好地对待你妈妈。"

莎拉觉得很困惑。她真的是很坏很自私吗？她就活该听她的妈妈在电话里百般责骂，让她心痛得无法呼吸，都要乖乖地听着吗？

当边缘性人格者或他们身边的其他人采取了对抗行为时，你需要坚信自己有权利拥有自己的观点、思想和感受。无论好坏、对错，那都是你的一部分。你还要牢记你为自己设置的个人界限。

申明你对现实的观点

如果莎拉决定和她的父母去争辩，怎么样接打电话才是有礼貌的，她就接触不到真实的问题所在：作为一个成年人，她有权选择想要得到怎样的对待。

> 当边缘性人格者或他们身边的其他人采取了对抗行为时，你需要坚信自己有权利拥有自己的观点、思想和感受。

莎拉说："爸爸，我明白，对于我限制妈妈打电话这件事上你有不同的看法。我知道你们两个做事各不相同。但我不是你，我是我自己。而为了尊重我自己和我自己的想法，我需要把她打电话的次数限制在每周一次，而且当我听到让我难受的批评和责备时，我也不会乖乖地听着。"

申明你对现实的观点，能帮助你和边缘性人格者从你们双方不同的"真相"之间，找到黑与白中间的灰色地带。你们两人可以"讨价还价"，例如，莎拉和她的妈妈可以最终达成协议，每周打两次电话而不是一次。

转移责任

一旦你申明了对现实的观点，就必须将责任转移给边缘性人格者本人，让他们为自己的感受和行为负责。你要让边缘性人格者知道你是支持他们的，但是唯有他们自己才能让自己感觉更好一些。

即便是他们承认自己患上了边缘性人格障碍，但是在转移责任时拿诊断当作理由也是非常不明智的，对方可能认为你在轻视他们或者不尊重他们。

在此，你可以选择用更加积极的方法去转移责任，还以莎拉和她母亲为例。"我知道，妈妈，你不同意我限制你打电话的次数。我明白这让你感到不安。但是当我们在通电话时，你对我的批评让我也非常难受。我希望你能明白，我仍然是想要和你通电话的，但不想听你批评和责备我。我关心你，我想和你聊聊，我只是想要你能够尊重一下我。"

> 你必须将责任转移给边缘性人格者本人，让他们为自己的感受和行为负责。

分担责任

假设你答应帮边缘性人格女儿从图书馆借一本书但是却忘记了，因此她表现得非常不开心。但她的反应有点过度，坚持说你"总是"忘记这类事情，因为你不关心她，所以你肯定会忘记，你巴不得她死了算了。

在这种情况下，你应该与对方分担责任，而不是把责任全部转移给对方。在你读到这一段时，要记住，你已经经历过了关注对方、全面理解对方等阶段。

这时候你应该说："我知道你现在感觉非常伤心，非常生气，因为我忘记给你借书了。你刚才说你觉得我'总是会这样','这意味着我不再爱你'。我会尽力去补偿忘记借书这件事,我要向你说对不起,并且保证明天会把那本书带回家,我一定会做到的。而且我要说明的是,大部分时间我都会记得你要我做的事。我还要告诉你,我真的爱你,而且非常非常爱你。这就是我能做的一切。我无法改变已经发生的事情,也没法强迫你相信我爱你。我知道你非常伤心,非常生气。你可以选择一直记着这件事,也可以选择冷静下来,接受我的道歉,我们看看接下来该怎么做。"

> 假如你犯了错,让边缘性人格者不开心,你就应该分担责任。

建立沟通技巧

当边缘性人格者冷静下来后,你就可以继续进行之前的话题了,甚至可以比辛西娅对杰西做的还要深入,你可以尝试着解释清楚乃至解决问题。当与边缘性人格者进行这种探讨的时候,有一点是至关重要的:该你倾听时,你就要真正地倾听。以下是一些小技巧:

- ☐ 不要去想你接下来要说的话。

- ☐ 不要开始为自己辩解,让对方哑口无言,即便边缘性人格者拿你从未做的事或者从未说过的话来指责你,也是一样。稍后你会有机会解释的。

- ☐ 注意对方的言辞、肢体语言、表情和语调。这些都有助于你了解对方的情绪。边缘性人格障碍患者不能够时时弄清楚他们自己的情绪,通过专注的倾听,你可能会听出言外之意，并且判断出隐藏在对方表面之下的情感。

还有一点很重要，你要彻底弄清楚边缘性人格者在为什么感到不安。有时候边缘性人格障碍患者会说一些莫名其妙的话，或者毫无理由地指责你，这很容易让人觉得挫败和愤怒；而如果边缘性人格者觉得自己说的话没人认可或者被人误解的话，情况就会变得更糟糕。

> 要记住，你和边缘性人格者可能会用两种迥异的语言交谈。尽量保持心平气和地询问对方，弄清楚他/她到底说的是什么意思。

下面有一个案例，是关于如何更好地理解边缘性人格者的。这场在塔拉（边缘性人格者）和克里（非边缘性人格者）之间的对话中，无论塔拉有多么愤怒或者不安，克里都保持着平静与沉着。

塔拉：我知道你有外遇了。

克里：（惊讶地）你怎么会这么想？

塔拉：因为你不再爱我了，你从来都不爱我，你想要离开我。

克里：哦，让我们一次说一件事。为什么你会怀疑我对你的爱？

塔拉：你没有拿出足够的时间来陪我，就是这个问题。

克里：你说我没有拿出足够的时间来陪你。你能告诉我你是什么意思吗？

塔拉：你知道我是什么意思！

克里：不，我不知道。但我希望能弄明白。你能帮我吗？

塔拉：上个礼拜六，你和你的朋友去看电影了，没有带上我。

在这种状况下，让塔拉详细地描述，可以让克里得到一些非常重要的信息。如果他马上做出回应，否认自己有外遇，最后他们很可能会吵个没完，反而忽略了真正的问题：塔拉害怕被抛弃，克里和朋友们外出看电影没有带她，让她爆发了。

确认边缘性人格者的情绪

如果你想要通过交谈来促进改变，就必须先确认边缘性人格者的情绪。这需要结合你在第 6 章中学到的复述和反馈倾听的技巧。

林恩（边缘性人格者）

当我终于去接受心理咨询时，就好像发生了奇迹，我能够感受到自己的情绪，会有人告诉我应该做出哪种健康而聪明的反应，告诉我我现在处于一种什么样的情况中。我的家人过去总是告诉我，我不应该这么想，不应该那么想，那只能让我越来越愤怒，越来越烦躁。

边缘性人格障碍患者的感受也许会让你觉得莫名其妙，但是这些感受对于边缘性人格者来说却是合情合理的。该如何处理这些感受，我们给出下面的参考建议：

不要去评判、否定他人的感受，不要认为他人的感受无足轻重，也不要去讨论你认为他人的感受究竟是不是"合理"。

□ 复述边缘性人格者的感受，进一步去挖掘掩埋在表面之下

的、不那么明显的感受

- [ ] 询问他人你的观点是否正确
- [ ] 向边缘性人格者表示你确实在倾听他们说话
- [ ] 避免用屈尊俯就或者居高临下的语气说话，否则边缘性人格者也许会被你触怒，因为你听起来并没有认真地对待他们关注的问题

> 如果你想要通过交谈来促进改变，就必须确认边缘性人格者的情绪。

我们用之前塔拉和克里之间谈话的后续部分，来演示这种确认的方法。

塔拉：上个礼拜六，你和你的朋友们出去看电影没有带上我。

克里：你听起来真的很烦躁，很生气。不仅是因为我出去看电影没带你，还因为你觉得我不爱你了，我可以从你的语气和表情明白你的感受。塔拉，我能理解，如果你觉得我不爱你，那真的是很让人不安。如果这是真的，对你来说就不只是不安了，而是毁灭性的打击。你现在是不是觉得又伤心，又难过？

塔拉：是的！

说出你对现实的描述

在你确认了边缘性人格者的感受后，就要通过描述"我的现

实"来表白你自己的看法。在上面这个案例中,克里的现实是直截了当的:他知道自己问过塔拉要不要去看电影,塔拉拒绝了;而且他也知道自己确实爱塔拉。在这个时候,他可以说:"塔拉,我确实和朋友们一起出去看电影了。你不想去,所以我就自己去了。我过得很愉快,我喜欢和我的朋友们在一起。但这不意味着我不爱你,我爱你,而且实际上非常爱你。"

一种现实情况是,确有此事(比如,"我说好像闻到有什么东西烧煳了,并不是批评你的厨艺,而只是注意到了有一股煳味儿。"),另外一种现实情况则反映了你的观点(例如,"我不觉得想要和朋友们出去看场电影就是自私。我觉得即便是两个人结婚了,各有各的朋友,继续维持自己的兴趣爱好,也是一种对双方都很好的事情。")。

清晰地表达出你对现实的描述。边缘性人格者也许会因此与你争论谁是"正确的"或者谁应该被"责备"的问题,而有些争辩也许是不合逻辑的。比如,一位边缘性人格者坚持认为自己对丈夫拳打脚踢是事出有因的,因为丈夫曾经说她"暴力"。要克制住替自己辩护、过度解释或者反复争辩的欲望,只要致力于表达自己的想法就行了。例如,面对指责时一种适当的反应可以是:"我能理解你的这种感受,但是我的看法和你不一样。"必要的时候可以反复强调这句话。

> 要克制住替自己辩护、过度解释或者反复争辩的欲望,只要致力于表达自己的想法就行了。

要求改变

一旦你知道了自己的个人界限是什么，就可以与边缘性人格者就这个问题进行交流了。但在你这么做之前，要搞清楚哪些要求是可以合理提出的，哪些是不能提出的。

要求边缘性人格者改变自己的行为就是合理的。适当的时机就是，你发现边缘性人格者在你面前的行为，不同于他们在朋友面前、在公共场所中或者在工作时的行为。如果边缘性人格者能够在某种情况下控制自己的行为，那么在另外一些情况下他也应该能控制自己的行为。

当然了，边缘性人格障碍患者需要帮助才能改变他们的行为。如果你生活中的边缘性人格者会去寻求帮助，他们也许会更容易遵守你的界限。但是正如你所知，是否寻求帮助必须要由边缘性人格障碍患者自己决定。

不过，虽然让别人改变自己的行为是一个合理的要求，但是如果你告诉别人应该有什么样的感受就是不合理的要求。换句话说，你可以要求一位边缘性人格者不要对你吼叫，但你不能要求对方不要生气；你可以要求边缘性人格者一天给你打电话不能超过两次，但却不能告诉对方当你不在他们身边时，不要觉得孤独和恐慌。如果边缘性人格障碍患者能够凭借绝对的意志力改变他们的感受,他们早就这么做了!

> 虽然让别人改变自己的行为是一个合理的要求,但是如果你告诉别人应该有什么样的感受就是不合理的要求。

哈丽特·戈尔登霍尔·勒纳在《愤怒之舞》(1985)中写道:

我们中的大部分人都希望把不可能变成可能。我们不仅想要控制自己的决定和选择,还想控制其他人由此产生的反应;我们不仅仅想要做出改变,还想要其他人喜欢我们的改变。我们希望发展到一个更自信、更明确的水平上去,然后让那些对我们来说很重要的人赞扬我们、支持我们——但这些人爱的却是我们过去的样子。

表达你的界限

选择一个好时机来谈话,这个时机应该是你和边缘性人格者都觉得心平气和、精神状态很好的时候。通常在一切都好的时候,非边缘性人格者不会发起比较麻烦的话题,因为他们不想破坏气氛,所以你要先克服这种得过且过的念头。

边缘性人格障碍研究者玛莎·林内翰提出了一套被称为DEAR的沟通方式,DEAR分别代表描述、表达、申明与强化。下面介绍每一个具体步骤以及应该如何使用这种方式来解释你的个人界限。

> 描述你看到的情况,无须夸大、无须判断、无须解释你对此感受如何。

描述

　　描述你看到的情况，无须夸大、无须判断、无须解释你对此感受如何。尽可能地客观，尽可能地详细。把你自己当作一台摄像机，用镜头去精确地捕捉发生的事情，也许会有所帮助。不要使用带有主观判断或者既定观点的词句。不要声称你明白他人的内在动机或感受，哪怕你说的是对方"看起来好像是"烦躁、愤怒等也不合适。

　　例如，你可以说："昨天，我们度完假开车回家。快到午饭时间了，我们开始谈论什么时候停下来吃饭，但你却开始用一种愤怒的语气和我讲话，声音还越来越大。你看上去似乎对前一天发生的某件事感到很不高兴。大约十分钟之后，我问你是否要另找个时机再谈，但你继续朝我大吼大叫。又过了几分钟，我再次问你是否可以等我们回到家之后再谈论这些问题。你拒绝了，并且开始诅咒我、辱骂我。"

表达

　　清楚地表达出你对于目前情况的感受和看法。要对你自己的感受负责，不要说"你让我觉得"，而要说"我这么觉得"。你也许需要先想想，再去判断自己到底是什么样的感受。

　　例如，你可以说："当你冲我大喊大叫时，我感觉非常不好，也很害怕，因为我不知道你接下来打算做什么、说什么。我感到很无助，因为我们都在车里，我无处可去。我感到很伤心，因为你对我发火。当我要求你停下，而你不肯停下时，我也开始生气，因为你完全不回答我。我还很担心，因为我们的儿子还在后座上，我不知道我们的争论会对他产生什么样的影响。"

> 边缘性人格障碍患者很难理解，虽然你会对他们发火或者嫌他们烦，但仍然还爱着他们。你也许应该提醒边缘性人格者，即便有些事情让你感觉烦扰，你仍然会深深地关心他们。

申明

申明你的界限，让它们变得简单。再次解释，你定下这个界限，并非因为它是正确的、意料之中的、正常的或者是其他人"应该"遵守的。相反，你想要这样的界限，是基于你本人的偏好，你喜欢别人这样对待你，这是让你觉得舒服的行为。例如，你可以说："我确实关心你的感受，我也确实想要解决我们的难题。当气氛变得紧张，我们开始对彼此大喊大叫的时候，我们应该暂停交流，等大家都平静下来之后再继续。我必须这样做，才能感觉好一点。"

还有，边缘性人格者也许会想方设法吸引你和他争辩什么是对错或者是谁的错。那么你就要再次克制为自己辩解、过度解释或者争论的欲望了。仔细倾听，然后重复你的意思："我听到你说的话了，我明白你觉得一切都是我的错。然而，我的看法和你不一样。我还是会坚持我的立场，我无法接受这种针对我的行为，我希望你不要再这样做。"

强化

如果合适的话，强化你的界限带来的益处。解释一下，满足你的需求会带来什么样的正面影响；如果合适的话，还要帮助边缘性人格障碍患者看到维持现状所带来的负面影响。

例如，你可以说："当我们重新开始谈话时，我能够处于一种更好的状态，去倾听你关注的问题，因为我感觉自己更平静，精神更加集中。我们也不容易陷入到愤怒的对话状态中，结果解决不了任何问题，只会让彼此都感到烦躁。"

> 再次解释，你定下这个界限，是基于你本人的偏好，你喜欢别人这样对待你，这是让你觉得舒服的行为。

不要威胁你所爱的人，企图以此控制他们的行为。例如，假设你和边缘性人格妻子去参加你祖母的 85 岁生日聚会。你的妻子看到每个人都穿得非常正式，而你却穿着非常随便的短裤和已经褪色的 T 恤衫，就开始对你发火。边缘性人格者会对你大吼大叫，在众人面前说你是个邋遢鬼。你会做出一种自然而然但却毫无帮助的反应，以一种愤怒的语气道："如果你不马上闭嘴，我就立刻离开！"

反之，你应该说清楚，你的表现不是故意标新立异，只是想要随心所欲而已。你可以说："当你朝我喊叫的时候，我觉得非常难过，尤其是其他人都听见了。这让我感到很生气、很无助。我请求你现在不要再说了，这样我们还能够继续愉快地度过这场聚会。"你可能需要申明自己的愿望，反复强调正面影响（比如，"我们可以继续愉快地度过聚会"）。

> 不要威胁你所爱的人，企图以此控制他们的行为。反之，你应该说清楚，你的表现不是故意标新立异，只是想要随心所欲而已。你可能需要申明自己的愿望，反复强调正面影响。

你也许还要指明负面后果："如果你不停下来的话，我就要到其他地方去休息一会儿。"如果边缘性人格者仍然不做回应的话，你就按照自己所说的做。

准备应对反抗行为

当一个人放弃无用的反抗，清楚地申明自己的需要、愿望和信念时，通常其他人的反应是也会改变自己的行为。这种状况会发生在各种各样的人际关系中。但是当一个人患上了边缘性人格障碍时，预测他/她会用哪种方式去应对你做出的改变就非常重要了。

边缘性人格障碍患者试图通过与他人的互动去应对自己的痛苦。就像我们之前解释过的那样，投射、愤怒、批评、指责和其他种种防御机制，都是为了试图让你也能感受到他们的痛苦。当你坚定地将痛苦反射回给边缘性人格者，令他/她自己去解决时，你就打破了一份自己并不知情的"约定"。自然，边缘性人格障碍患者会非常难受，并很可能会进行反抗，采取行动企图令事情回复到原来的轨迹上。反抗也会帮助边缘性人格障碍患者证明，无论对他们而言还是对你而言，他们的行为都是正确的。这种行为是很重要的，因为这样做似乎能令勒索行为变得可以接受，甚至变得高尚。你能否抵抗这种反抗行动，将会决定未来你们亲密关系的走向。

哈里特·林内翰（1985 年）说，人们对设置界限的反应呈现出三个可预测的连续性的步骤：温和的不认同、强烈的不认同、威胁。（然而，要注意边缘性人格障碍患者可能会直接跳到威胁这一步。）当我们讨论这些步骤的时候，会把重点放在温和的不认同、强烈的不认同上。我们将会在第 8 章中讨论不安全的"威胁"。

如何回应温和的不认同

下面是苏珊·福沃德和唐娜·弗雷泽在《情感勒索》（1997）

中讨论到的一些反抗策略：

- ☐ **颠倒黑白** 勒索者会告诉你，他/她的动机是纯洁的、高尚的，而你的动机则是卑劣的、无耻的、自私的。（通常，设置了界限的非边缘性人格者都会被颠倒黑白，被称为"坏人"。）

- ☐ **贴标签** 勒索者会辱骂你，从而增强他/她"颠倒黑白"的观点，破坏你对现实的感受。这种方法很多实际上都是投射。

- ☐ **说你有毛病** 勒索者会试图说服你，不仅你的行为不好，你整个人都不好了（或者生病了、混乱了、残废了，等等）。从中能得到的好处越大，这种行为就越有可能发生。很多非边缘性人格者都告诉过我们，他们生活中的边缘性人格者都曾经指责他们才患上了边缘性人格障碍。

- ☐ **寻找同盟** 勒索者会要求其他人帮忙对你施加压力。当边缘性人格者身为父母时，这种状况更加常见。在一个案例中，一位边缘性人格母亲站在她女儿家门口大闹时，背后还带来了四名亲属助阵。

> 人们对设置界限的反应呈现出三个可预测的连续性的步骤：温和的不认同、强烈的不认同、威胁。

在你回应这些反抗行为时，很重要的一点就是，尽量避免讨论你的界限是正确还是错误。下面这些案例中介绍了一些典型的回应方式：

边缘性人格者：提出这种要求，你真是个坏人（自私的人，等等）。

非边缘性人格者：我能理解你觉得我是个坏人的想法，但我自己问心无愧，我是对自己有足够的尊重才会设置下这样的界限。

边缘性人格者：你一定很恨我。

非边缘性人格者：不，我不恨你。实际上，我非常关心你，所以我希望能够和你一起去让咱们的关系更亲密。但我也同样关心和尊重我自己，这就是我提起这个建议的缘故。

边缘性人格者：你在操纵我、控制我。

非边缘性人格者：我明白，你觉得我在操纵你、控制你。但我觉得，做出选择、决定想要怎么做，是你的责任。而我的责任就是想想什么会让我感觉舒服、什么会让我感觉不舒服。我已经考虑这个问题很久了，这对我和我的自尊来说非常重要。

边缘性人格者：你不能这么觉得。

非边缘性人格者：如果你是我，你也许就不会这么说了。我们是两个不同的人，我们每个人都有自己的信念、感受和观点。我希望你能尊重我的感受，哪怕你不愿意和我一起分担它。

边缘性人格者：你还是孩子，而我是家长。

非边缘性人格者：我是你的孩子，但我已经不再是一个小孩了，我是一个成年人。现在应该让我根据自己的感受和信仰做出自己的决定了。你也许不同意，这是你的权利，但采取有自尊的行动也是我的权利。

另外一些非争辩型的回应还包括：

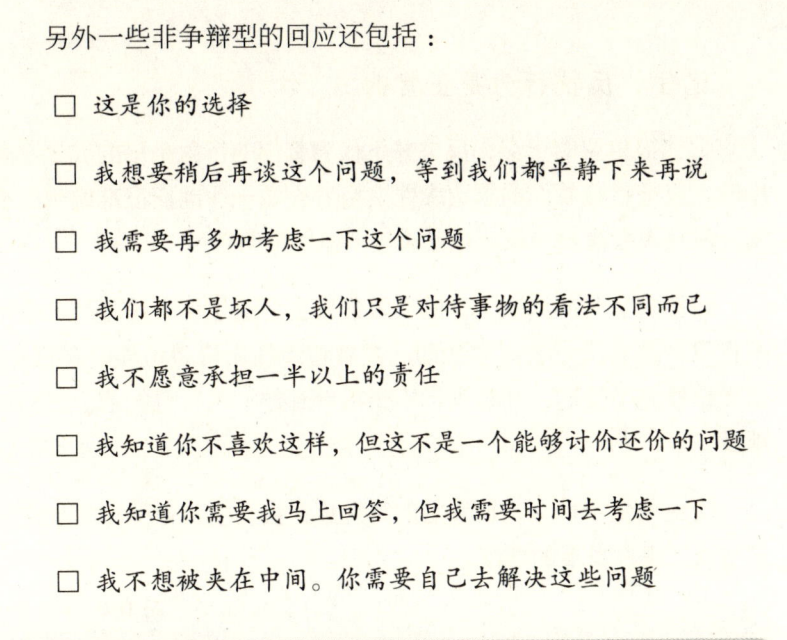

- [ ] 这是你的选择
- [ ] 我想要稍后再谈这个问题，等到我们都平静下来再说
- [ ] 我需要再多加考虑一下这个问题
- [ ] 我们都不是坏人，我们只是对待事物的看法不同而已
- [ ] 我不愿意承担一半以上的责任
- [ ] 我知道你不喜欢这样，但这不是一个能够讨价还价的问题
- [ ] 我知道你需要我马上回答，但我需要时间去考虑一下
- [ ] 我不想被夹在中间。你需要自己去解决这些问题

> 记住很重要的一点，反抗并不代表着你的行为是错的，或是没有用的，只是意味着你要求边缘性人格者去做一件他们很难做到的事情。

如何回应强烈的意见不同

当边缘性人格者的反抗程度加剧时，隐含的信息就是："你破坏了我的应对方式，我无法再应付这些感受了，所以给我改回来！"如果边缘性人格者先前是大喊大叫，那现在可能已经是暴跳如雷、无法控制了。如果他们先前指责你自私，现在可能就会说你是世界上最自私、最任性、最有控制欲的人。如果他们先前已经出现了暴力行为（无论是对自己还是对他人），那现在暴力程度将会升级。第 8 章会教你如何保护自己不受暴力侵害。

记住，反抗行为是正常的

记住很重要的一点，反抗并不代表着你的行为是错的或是没有用的，只是意味着你要求边缘性人格者去做一件他们很难做到的事情。没有人会喜欢去做让自己感觉不舒服的事情。

可能随着时间流逝，你的界限设置会让边缘性人格者严苛地审视自己，并且决定去寻求帮助。或者边缘性人格者可能会贬低你，指责你抛弃了他们，并且表示不想再看到你。也有可能他上述两样都做了。

无论发生了什么，该发生的终究还是会发生。你的行为也许只是加快了事件发展的速度。

坚持

如果别人没有遵守你的界限

如果你想要边缘性人格者改变，如果对方并没有遵守你的界限，那你就必须自己先做出一些改变。考虑一下你能做到的事情，不要去想你做不到的事情。有点创意，比如下列方式：

- ☐ 你可以改变话题或者拒绝讨论某个问题

- ☐ 你可以离开房间或者挂掉电话

- ☐ 你可以改变自己的电话号码，办理来电显示，或者换掉门锁

- ☐ 你可以回到自己的房间并且关上门

- ☐ 你可以只在有第三方在场时才和某人相处

- ☐ 你可以拒绝阅读某人的信件或者电子邮件。你可以换掉你的电子邮箱

- ☐ 你可以停车或者拒绝和某人一起乘车

- ☐ 你可以坚定地说不，并且绝不改变自己的主意

- [ ] 你可以请求心理医生或者朋友帮助你，哪怕边缘性人格者不希望你这么做

- [ ] 你可以打电话给求助热线或者庇护所

- [ ] 你可以报警或者申请限制令

- [ ] 你可以暂时中断与某人的联系或者彻底断绝关系

- [ ] 你可以找一个临时处所供孩子暂住（例如，疗养院或者亲戚朋友家，等等）

- [ ] 你可以采取措施保护孩子们不受虐待（例如，当边缘性人格者发怒时，你带着孩子离开；举报边缘性人格者虐待儿童，或者申请子女单独监护权等）

自然，所有的这些举措都可能会被边缘性人格障碍患者认为是抛弃。这就是为什么你需要委婉地指出，你的行为不是针对对方，而是为了你自己。向对方解释，你的界限对于你们建立健康的亲密关系是有必要的，要求对方遵守你的界限，这样你们才能在一起度过更长久的时间。

一致性是关键

从理智上说，我们建议你时时刻刻都要用一种温和的方式来遵守你自己的界限，即便是再累，再不想和人产生争端也要这样。你可能无法每次都立即采取行动，但你不能将难以接受的行为轻轻放过，不然你实际上就是强化了这些行为。再者，关键在于做好准备。彻底想清楚都会有哪些"万一"，并且提前做好决定，如果你有能力的话，最好针对各种可能的突发状况想好对策。

小心谨慎，寻求帮助

边缘性人格障碍是一种严重的心理疾病。无论什么原因，只要你认为反抗行为也许会越来越严重，超出你能单独处理的范畴的话，向一位有能力的心理健康专家寻求帮助至关重要。下面有一些关于求助的具体的建议：

- [ ] 向有资质的专业人士进行咨询。如果涉及孩子，我们强烈建议你去找一位有资质的心理健康专家，去了解在困境中如何最大限度地保护孩子。至关重要的是，这位专家应该对边缘性人格障碍和涉及孩子的问题都非常了解。如果这位专家的建议违背了你内心的本能，你不妨再去请教另一位专家。记住，每一个患有边缘性人格障碍的患者都不一样，每一个孩子也都各不相同。

有必要的话去寻求法律援助。如果你是一位孩子的家长，担心探访权、监护权或者被诬告的问题，我们强烈建议你不要冲动，先去和一位熟悉人格障碍的律师谈谈。重要的是，你要去请教的对象必须熟悉这类情况，并且有成功处理这类问题的经验。

- [ ] 做好心理准备。如果你身边的边缘性人格者是你的父母，而你在儿时曾经遭受过身心虐待的话，我们建议你先去找一位心理健康专家，确定你的心理上已经有所准备，能够要求父母遵守你的界限，也能够面对他/她可能会做出的任何反应。

无论情况如何，在你挺身而出维护自己的权益时，你都需要很多的爱、支持和认可。一些对你来说很重要的人也许能支持你，要向他们求助。有些人可能会不赞同你的行为，因为他们觉得这会影响自己与边缘性人格者的关系；或者是因为你的行动与他们一贯坚持的观念相抵触。这都是很正常的，要承认他们有权利拥有自己的观点，并告诉他们，你希望保持和他们的情谊——这和你与边缘性人格者之间的亲密关系是两码事。

> 时时刻刻都要用一种温和的方式来遵守你自己的界限，即便再累，再不想和人产生争端也要这样。

通过你能控制的事情来衡量你的成果

在任何一次特别谈话中，你身边的边缘性人格障碍患者做出的反应可能是你希望的，也可能不是你希望的，这是你无法控制的。所以，衡量你的成果，还是要看你能控制哪些因素。问问自己：

- [ ] 你的反应像成年人还是像孩子？
- [ ] 你的行为方式是否能体现出你的自尊？
- [ ] 你是否清楚自己的立场？
- [ ] 你是否能专注于谈话的主题，即便是边缘性人格者试图让你偏离正轨，也不会转移注意力？
- [ ] 你是否能保持沉着冷静？
- [ ] 你是否能抵抗住引诱，不被卷入一场必败的争辩中去？
- [ ] 你是否会关心其他人的感受，哪怕对方并不会同样关心你？
- [ ] 你是否能够坚定地维持自己认知的现实，同时对边缘性人格者关心的问题采取一种开放的态度？

如果上述问题你的回答全部都是"是"的话，为自己鼓掌。

在本章中我们讨论了很多东西，不要指望一下子全都消化掉，现在看起来似乎有点超出你的负荷，但是你可以借此去改变与边缘性人格者互相影响的方式。只要记住这些关键点：

- ☐ 你是为了亲密关系的长期健康才坚持自己的界限，而不仅仅是为了你自己。

- ☐ 做一面镜子，不要做一块海绵。

- ☐ 坚持你的立场。不要让边缘性人格者转移话题，让你偏离正轨。

- ☐ 为你已经采取的行动叫好，你已经有很大进步了。

在下一章中，我们将要讨论当边缘性人格者的行为开始变得危险时应该怎么办。

第 8 章
制订安全计划

好！把你的手臂划出血，把你的脑袋往床头板上撞，再使点劲儿，再使点劲儿！冲你爱的人尖叫，直到他们被你吓得偷偷溜走。叛徒！在火上灼烧你的手指，用针刺你的手，一次一次又一次。吞药片，多买点，囤着！这也许正是最大的蚀。

——梅丽莎·福特·桑顿，
《蚀：边缘性人格障碍背后》

愤怒、虐待、自残和自杀威胁是最令人孤立无援、最令人害怕的行为，却也是非边缘性人格者必须与身边的边缘性人格者对抗的行为。有时候非边缘性人格者也会愤怒，也会去虐待对方，或者想要自杀。应对这些困境的关键是做好计划，得到外界的帮助。你的行为很有可能会鼓励边缘性人格者去寻求他们迫切需要的专业帮助。

失控的愤怒

边缘性人格者的愤怒可能是非常恐怖的。边缘性人格者也许会完全失去控制,行为冲动,毫不在乎自己的行为会带来怎样的后果。

凯伦·安(边缘性人格者)

当我生气时,就没法理性地思考。我被情绪弄得抓狂,导致我做出恶劣的行为。情绪控制了我,我不得不做出过激的行为来驱散它们。这样做是为了保护我自己,哪怕我知道自己做的事情可能会让别人远离我。

迪克(边缘性人格者)

当我对别人发怒时,他们就不再是有真实感受的真实的人了。他们变成了我憎恨的目标、我不幸的根源、我的敌人。我会产生被害妄想,坚信他们想要伤害我,所以我决定打击他们,来证明我能够控制他们。

劳拉（边缘性人格者）

我想，边缘性人格者只在意一件事：失去爱。当我走投无路时，就会非常害怕，只能通过愤怒来表达。愤怒比恐惧更简单，让我感觉自己没那么脆弱。我会在被攻击之前就先发制人。

> 当一个边缘性人格障碍患者处于高度情绪激动的状态下时，不要指望他们能够采取符合逻辑的行为。

愤怒与逻辑无法共存

我们采访临床护士简·德雷瑟时，她说："当一个边缘性人格障碍患者处于高度情绪激动的状态下时，不要指望他们能够采取符合逻辑的行为。这是不可能发生的，不是因为他们不想这样做，而是因为他们做不到。"

德雷瑟解释说，遭受过创伤的人们情绪激动时，大脑中的逻辑思维系统就不能够正常运行了。对于大部分的非边缘性人格者来说这不足为奇，他们早就发现，跟愤怒的边缘性人格者讲道理毫无意义，令人沮丧。只有当你与边缘性人格者双方都平静下来之后，才能进行理性的交谈。

德雷瑟还指出，有些边缘性人格障碍患者没有调节自己情绪的能力，所有的愤怒都表现出同样的强度。程度比较温和的"生气"与激动的"暴怒"似乎毫无区别。德雷瑟建议说："有时候很重要的一点是，问问边缘性人格障碍患者：'从 1 到 10 来计分，你觉得自己的愤怒是多少分？'"

应该做什么

面对怒火时,最好的方法是先让你自己和孩子暂时回避。在我们采访社会工作者玛格丽特·波法尔时,她建议非边缘性人格者应该平静地说:"如果你一直对我大吼大叫的话,我就不想再继续讨论这个问题了。如果你能平静地告诉我,你想要什么或者需要什么的话,我很乐意帮助你。"注意,在此你已经给了边缘性人格者选择的机会,并且也说清楚了他/她的行为就是你暂时离开的原因。如果对方继续发怒,你就马上离开到更安全的地方去。下面有几种方法可以实现这个目的:

- ☐ 到一个禁止任何人入内的房间里
- ☐ 打电话给朋友,到他/她家去
- ☐ 打电话给亲戚,让他/她到你家来
- ☐ 带孩子去看电影
- ☐ 戴上耳机听音乐
- ☐ 搭一辆出租车回家
- ☐ 打开电话自动答录机或者拔掉电话线,然后去泡个澡
- ☐ 拒绝看边缘性人格者的信件或者电子邮件

如果你生活中的边缘性人格者常常会失去控制,现在就要彻底想清楚你的选择,制订一个具体的计划,应对他/她的下一次发怒。做好安排,以便能够在需要的时候迅速离开。例如,知道你的钱包和手袋放在哪里,把可信的朋友的电话号码留在电话机附近备用。

> 有时候很重要的一点是，问问边缘性人格障碍患者："从 1 到 10 来计分，你觉得自己的愤怒是多少分？"

不该做什么

你不要总是忽视或者默默忍受怒火，这很重要。你要明白，这种针对你或者孩子们的极端的怒火，已经是言语和精神虐待了。即便你认为自己能够处理，但长此以往，它也会侵蚀你的自尊，破坏你们的亲密关系。所以要马上去寻求支持。

从你自己最大的利益出发，不要用你自己的愤怒去回应边缘性人格者的愤怒。克里·F.纽曼博士曾经接诊过数例边缘性人格者和非边缘性人格者，在我们的采访中他说："这种做法会逐渐增强敌对和高压控制的模式。当你以怒制怒时，问题就会变得越来越严重，什么都解决不了。"记住，边缘性人格者也许会有意无意地试图挑起你的怒火。如果你发现自己失控了，停下来并且立即离开。不过，如果你确实生气，也不要太过压抑自己。还击是人类的本能，但你要告诉自己，下一次尽量再平静一些。

你可能知道应该如何反击，说哪些话对边缘性人格者伤害最大，这种反击可能会令你直面怒火。不过，如果你还能控制自己的话，就尽量不要触发边缘性人格者的敏感点或者痛处。像是"你没有权利生气"这种说法只会让情况更糟。你不能控制边缘性人格者的行动，但是如果知道如何妥善处理对方的愤怒，你自己也会感觉更好一些。

> "当你以怒制怒时，问题就会变得越来越严重，什么都解决不了。"

不要把你的挫折发泄到别人身上。为什么忍受虐待的行为是不明智的？其中一个原因就是，你尽力吞下自己的负面情绪，虽然表面上好像是没问题了，但是这些负面情绪却会在你意料不到的地方爆发。长此以往，你就会变得孤立无援。

围绕愤怒设置个人界限

在上一章中你学到的关于设置个人界限的方法，也可以用于应对愤怒。如果可能的话，试试下面的方法：

提前和边缘性人格者讨论你的个人界限，这样你们就能达成共识，当下一次这种情况发生时，应该采取什么方法。

- ☐ 利用上一章中我们介绍过的沟通方法，在情况稳定时设置这个界限
- ☐ 向边缘性人格者保证，即便你离开了，也会回来
- ☐ 向边缘性人格者解释，他们能够控制局面：如果他/她选择冷静下来，你就会留下；如果他们选择继续发怒，你就会离开，等他们平静一点儿之后才回来。这全由边缘性人格者决定

> 如果边缘性人格者不想要寻求帮助，或者总是重复他的行为，那么你可能需要决定，在这段亲密关系中你想要什么，不想要什么。这由你做主。

在你执行这个计划之前，再复习一下第 7 章中关于应对反抗行为的相关内容。你必须要做好准备，事态可能会升级。你还要记住保持一致性的重要性。在我们采访心理医生玛格丽特·波法尔时，她说："如果今天你说过不会接受愤怒的责备，那么明天你也不能接受。"否则，你就会间歇强化了这种行为。

边缘性人格者可能会在发火之后真诚地道歉，然后在下一次生气时又重复他的行为。这可能是因为边缘性人格者不知道该如何让自己平静下来，选择其他行为方式。如果边缘性人格者不想要寻求帮助或者总是重复这种行为，那么你可能必须决定，在这段亲密关系中你能够接受什么，不能够接受什么。这由你做主。

边缘性人格障碍患者的建议

很多边缘性人格者会向我们提出建议，希望我们传达给必须忍受他们怒火的非边缘性人格者。你可以根据自身的特殊情况来做出判断，因为每个人，每种情况都有所不同，这些建议也许适合你，也许不适合你。你也可以与心理医生讨论这些建议。

克里斯（边缘性人格者）

当人们尽力安抚我的时候，反而会让我更加愤怒，更觉得他们不把我放在眼里。比如他们会告诉我，我不应该这么感觉。但我就是这么感觉的,即便是理智上明白,他们的意思并不是我理解的那种意思。

劳拉(边缘性人格者)

唯一一件能帮助我减少愤怒的方法,就是丈夫拥抱着我,对我说:"我知道你是害怕,不是生气。"就在那一刻,我的愤怒一下子就消失无踪,我能够再次感觉到自己的恐惧。用愤怒来应对只会让事情变得更糟。

简(边缘性人格者)

如果边缘性人格者变得危险,其他人最好先离开,等安全了再回来。这会让边缘性人格者知道,愤怒是可以的,也是正常的,但是他们要用不会伤及他人自尊的方式去表达自己的愤怒。

安妮(边缘性人格者)

当我发怒时,能够安抚我的最好方法就是听我说话。可是现在很多关于边缘性人格障碍的出版物都在鼓励他人忽视边缘性人格者的话,唯恐他们不明真相或者被操纵。我的愤怒正是因为他人不愿意听我说话或者不肯相信我才爆发的。这让我觉得自己仿佛不存在一样。

身体虐待

我们采访了英属哥伦比亚大学的心理学家、研究者唐·杜登，他估计殴打配偶和孩子的男性中，大约有 30% 的人患有边缘性人格障碍。对他人进行身体虐待的女性中，患上边缘性人格障碍的百分比可能会更高。

要严肃对待所有形式和所有情况下的身体暴力，即便是以前从未发生过，以后可能也不会发生。暴力有升级的潜在可能性。目击过暴力行为的儿童受到的负面影响和那些直接受虐的儿童是一样的。你必须做好准备。

受篇幅所限，家庭暴力牺牲者能够用来保护自己和孩子的方法，我们无法全部列举出来。但是从庇护所、危机干预计划和网络上都可以获得大量相关信息。在黄页电话册上或者网络搜索引擎上搜索"家庭暴力"或者"危机干预"即可。计划一下，如果暴力情况再度出现你应该怎么做，找出你的合法选择。

男性受害者

对于女性来说，家庭暴力是公认的严重的问题。然而在男性遭受暴力的问题上，通常人们都会保持沉默，或者像是在看笑话：一个身材魁梧、头发上卷着烫发卷、穿着睡袍的女性卡通人物挥舞着擀面杖，而一个瘦弱邋遢的男人则吓得抱头鼠窜。

但是，非边缘性人格男性常常反映，曾被身边的边缘性人格者掌掴、抓挠、拳打脚踢以及用小物体刺伤。一位男子曾经被推倒，直接从楼梯上滚落到下面一层楼去。

麦克（非边缘性人格者）

有时候我前妻会暴跳如雷，她会挠我，拿东西猛击我的头，用拳头打我的胸口。我身高超过一米九，体重将近100千克，却被她打得喘不过气来。我的父亲教育我不能打女人。那我还能怎么做？

被女性施加身体虐待的男性，也许不认为自己有问题；更为常见的是，他们会认为施虐的女性才是有问题的人。很多男性还认为自己应该默默地忍受虐待，去"保护"施虐者或者避免尴尬。

当男性确实意识到自己需要帮助时，往往很难得到帮助，因为社会上普遍不相信他们的抱怨，不理解他们的难处。这不仅伤害了非边缘性人格者，也断绝了施暴的女性得到帮助的机会。如果你是一位受到虐待的男性，我们会给出一些建议，告诉你如何处理和应对这种状况：

1. 在任何情况下，都不要去伤害他人。如果你比边缘性人格者高大强壮，更要加倍注意。要坚持克制自己，保持冷静，尤其是面对相关机构时更要冷静。

2. 处理家庭暴力的机构，面对被女性施暴的男性，态度也许会有惊人的变化。然而，关于男性受虐的报道也并不像你想象的那样少见。(有一些男性是受到了其他男性的虐待,通常是同性恋伴侣或者男性亲属。)如果你被虐待,不要等到事态严重时再去向你所在的城市的警方、司法机构和社会服务机构求助。现在就去找人谈一谈。

3.记录虐待情况,与相关法律机构探讨,保护你自己和孩子。了解你的法定权利和责任。不要自己瞎想或者去参考什么来自"朋友的朋友"的建议。查明事实,坚定地用一切资源来保护自己。

自残

边缘性人格者伤害自己时,非边缘性人格者会感觉害怕、愤怒、挫败、厌恶和无助。应对这种行为时,需要采取一种平衡的做法:你应该去关心和支持对方,但却不能无意中助长对方的自残行为,或者让对方感到更加羞耻。

不该做什么

- ☐ 不要为任何人的行为负责。问题不是你导致的,如果先前发生的某件事涉及了你,回想一下原因和导火索之间的区别(第5章)

- ☐ 你可以尽力制造一个安全的环境,但是要明白你不能拿走房子里面每一件带尖角的物品,或者一天24小时监视边缘性人格者。一位边缘性人格青少年的母亲说:"如果我的女儿打算伤害自己的话,她肯定能做到。"

- ☐ 不要试图去做边缘性人格者的心理医生。这件事情要交给专业人士来做

- ☐ 不要在家里保存诸如枪支这类危险物品

- [ ] 不要用自残这类字眼来界定边缘性人格障碍患者。这是边缘性人格者做的事情，而不是他们的本质。

- [ ] 在和边缘性人格者讨论时，不要去纠结自残的细节。自残也许会上瘾；你绝对不想引发这种行为。我们采访克里·F.纽曼博士时他说："上瘾行为是能够受到暗示的，就好像当一位烟民听到别人说点火就会想要抽烟一样。然而，这并不是说，当你与边缘性人格障碍患者就自残的问题发生争端之后，对方做出自残行为，就一定是你的错。我只不过是想说，你必须要极为小心地去处理潜在的危险。"

- [ ] 不要说教、数落对方或者表现出厌恶之情。一位曾经自残的女性说："我的朋友拿我自残的事情来教育我，就好像我不知道这种行为不好似的。就算是我体重超重了又怎样？他们会一直陪着我，在我每次拿糖果时轻轻地打我的手吗？"

- [ ] 不要去说那些可能会引发羞耻感或者内疚感的话，比如"你怎么能这样做！"边缘性人格者已经感觉到很羞耻了。

- [ ] 不要用任何愤怒或者控制的方式去威胁对方（"如果你再这样做我就要离开你！"）。这会让人觉得是一种惩罚。即使你选择去设置这种界限，也应该让人觉得，你是为了自己才这么做，而不是为了惩罚别人。例如，当你们都很平静的时候，你可以说明哪些行为自己是无法接受的，哪些行为将会迫使你和对方断绝关系。

应该做什么

☐ 如果边缘性人格者威胁要伤害自己（或者其他人），要尽可能早地通知他的心理医生（如果有的话）。你、边缘性人格者、心理医生也许都想要进行面谈，讨论一下将来应该怎么处理自残的问题。如果这不可能做到的话，你可以自行寻求专业人员的帮助，去讨论应该如何处理这种局面。如果你认为边缘性人格者对于他们自己还是其他人而言都存在危险的话，那他也许需要去做个诊断，看看是不是该住院治疗。

☐ 保持冷静并用平静而实事求是的方式讲话。在《迷失镜中：从内部视角看边缘性人格障碍患者》(Lost in the Mirror: An Inside Look at Borderline and Nonborderline Alcoholic Patients, 1996) 里，理查德·莫斯科维茨说："自残行为通常会发生在边缘性人格者感觉失控的时候，所以非常重要的一点是，周遭的人不要用自身的恐慌来增加边缘性人格者内在的混乱。"莫斯科维茨指出，虽然自残行为会令你震惊，不知所措，但是它也许在很久之前就发生了。

☐ 如果得到允许的话，可以为边缘性人格者寻找适合的药物治疗方法。你应该打电话给药物专家，获取他们的建议。我们采访埃利斯·M.贝纳姆时，她说："这（自残行为）需要用一种支持、镇静、实际的方式来处理。我经常会说的话是，'让我们处理一下这个问题'或者是'我要带你去见医生，让他们来看看这该怎么办'。"

☐ 边缘性人格者组织一个支持他的团队，好让你不会觉得负担过重，疲劳过度。其中第一位应该是边缘性人格者的心理医生，他能够帮助边缘性人格者减少自残行为。

☐ 面对边缘性人格者可以采取共情和倾听的方法。向他们表现出你在尽力理解他们的感受，用一种关心的语气提出问题，比如"你现在感觉怎么样？""我能为你做什么？"不要低估边缘性人格者的恐惧、痛苦和内心混乱。想象一下你曾经有过的最大的痛苦，然后放大三倍再看看。

☐ 向边缘性人格者强调你的爱和接纳，同时要清楚地表明，你希望对方能够选择另外一种方式来处理问题。一位边缘性人格者建议应该这样说："当你伤害自己的时候，我感觉很无助、很生气。我想要理解你，即便我不能完全理解。但是我知道我不想你再这样做，如果你又产生了这样的冲动，请告诉我，或者打电话给你的医生。"

☐ 强调正面行为并给予鼓励（例如，"你之前已经有十四天没有割伤自己了，我知道你能再次控制住自己"。）

☐ 提出可以替代自残的选择，比如压碎冰块、把手放进冰水里、剧烈地运动、嚼一些有强烈刺激味道的东西（红辣椒、生柠檬、酸橙或者葡萄柚），或者其他一些能够引起强烈的感觉但是不会造成伤害的行为。然而要明白，用或者不用这些替代选择，要由边缘性人格者自行决定。

☐ 拒绝置身于必败的局面中。例如，因为边缘性人格者会感到尴尬和羞耻，所以你答应不再去寻求外界的帮助，这对你们两个都是不公平的。如果边缘性人格者坚持你要向那些能够帮助他的人保密，不说出他自残的事情的话，你要告诉他，自己没办法去独立处理这些问题。（详见本章接下来关于自杀威胁的必败局面的部分。)

> 如果你开始觉得好像整个身体被掏空，可以先后退一步。也许是你扩大了边缘性人格者自残行为对你的影响。能够坚持长期支持边缘性人格者的最好方法是，确保在当下你能够照顾好自己。

围绕自残行为设置你的个人界限

和应对边缘性人格者的愤怒一样，关键在于事前就做好计划，设置好界限，当你关心的人做出自残行为之后，你才能尽快恢复自己的生活。确定你能够遵照自己设置的界限行事，并承受相关的后果。

潘妮（边缘性人格者）

我的医生教我跟朋友们商定，如果我在做任何自残行为之前联系他们的话，只要条件允许，他们就会跟我谈话，安抚我。但如果我正在喝酒、割伤自己或者做完这些事情之后再去联系他们的话，他们只需简单地说："潘妮，我爱你，但你现在这个样子，我完全不知道该怎么处理。"然后他们就可以挂掉电话，只要我还是那种状态，他们都可以不再接听我的电话。

这样一来，作为我的"临时守护者"，他们不会有太大压力，我们的友谊也能更好地保持下去，因为没有太多的压力去破坏它。这还能保证我的自残行为不会得到强化，因为醉酒和割伤自己的行为再也不会得到来自朋友的担心作为鼓励。一个在自残发生之前的电话，足以防止我故态复萌。我害怕听到电话无人接听的嘟嘟声，它足以让我去寻找其他的应对方式。因此，我的朋友们都说，这种应急措施让他们相当安心，因为他们不必再为对我置之不理而感到内疚了。

> 相较于患上抑郁症、精神分裂症的患者，边缘性人格障碍患者更有可能自杀未遂，不断产生自杀的念头以及反复地做出自杀威胁。

凯伦（非边缘性人格者）

我丈夫埃里克的自残行为通常对我造成的伤害更甚于对他自己造成的伤害。他察觉到了这一点，于是当他感觉不好，得不到他想要的东西，又别无他法时，就会伤害自己。这种负罪感非常强大，控制了我的生活。但是我拒绝总是陷入这种状态下。在他平静的时候，我清楚地告诉他，我不会为他的行为负责。如果我看到了血，我就会打电话叫救护车之后离开。如果我留下来安抚他，也许反而会鼓励他继续这么做。他终于明白，如果自己不想独自一个人待着，就必须遵守我的界限。埃里克的心理医生和我分别与他做了类似约定，防止他自残。他很重视自己的面子和诚信，所以这方法很奏效。

自杀威胁

根据《精神疾病的诊断与统计手册》(*Diagnostic and Statistical Manual of Mental Disorders*,2004)统计,有8%至10%的边缘性人格障碍患者会自杀。在北美的600万边缘性人格障碍患者中,有18万到60万人自杀身亡。这个数字相当于在四个月到一年之间,每天沉没一艘"泰坦尼克号"。

贝丝·布罗茨基(B.Brodsky)和约翰·曼恩(J.Mann,1997年)的研究结果表明,相较患上抑郁症、精神分裂症的患者,边缘性人格障碍患者更有可能自杀未遂、不断产生自杀的念头以及反复做出自杀威胁。如果患者同时还患有诸如重性抑郁症、物质滥用和进食障碍等其他心理疾病的话,则会增加自杀成功的可能性。

> 如果你生活中的边缘性人格者真心求死,本书中能为你提供的援助还远远不够,请立刻寻求专业协助。你可以打电话联系当地的危机处理热线和医疗急救机构请求指导,并且保存下相关电话号码,就放在电话机旁边以备不时之需。

感觉被自杀威胁操纵

如果自杀威胁旨在恐吓你，或者让你去做一些自己不想做的事情时，你的同情和关心也许就会变成愤怒和怨恨。比如，很多非边缘性人格者说，当他们与边缘性人格者断绝关系时，边缘性人格者就会声称，如果非边缘性人格者不肯回头的话他们就会自杀。非边缘性人格者作为遭受威胁的对象，会感到极端的内疚、困惑与担忧。

托马斯·埃利斯和克里·纽曼在他们的著作《选择生存：如何凭借认识疗法战胜自杀》（*Choosing to Live: How to Defeat Suicide Through Cognitive Therapy*，1996）中解释道：

> 你曾经与意图自杀的人同甘共苦，但这种感觉日益消失，令人不安的权力斗争却愈演愈烈。像是"如果你真的关心我是死是活，就应该回到我身边"和"是你让我想死的"这类的话，都存在一些共同点：某些人是死还是活，取决于你的反应。这对于双方而言都是不公平的。

> 有时候边缘性人格者会试图让你相信，你要对他/她的不幸负责，如果他自杀的话，你也要受到谴责。提醒自己，不是你威胁要杀死对方，而是对方用自杀来威胁你。你面对的是一个需要立即去接受专业治疗的人，他/她并不需要你的让步。

不该做什么

纽曼和埃利斯建议，面对他人的自杀威胁时，尽量采取下列行动：

□ 不要争论

不要和边缘性人格者争论他/她到底是不是真的想死，即便是你很愤怒，觉得需要发泄也不行。对方可能会为了证明你错了，就真的去自杀。

□ 不要指责

不要直面边缘性人格者，并指责对方操纵你。再者，这也许会变成一场权力的斗争。如果边缘性人格者要求你做的一些事情与你的判断大相径庭，那就依据你的本心行事。不过，如果你们两人在与心理健康专家会谈的话（译者注：比如在进行婚姻关系相关的心理咨询），说出这种行为给你带来的感受会有好处。

□ 不要向威胁让步

极为谨慎地逐步缓和态度，只能证明你真的关心对方。反之，愤怒而且狂躁的边缘性人格者可能会告诉你，你没有必要证明任何事。埃利斯和纽曼说："当你向威胁让步时，你仍然会很愤怒，边缘性人格者也仍然随时会有自残的风险，潜在的问题并没有解决。因此，相同的场景很可能会一次又一次地重复发生。"（1996年）

□ 为自己寻求帮助

以前如果你曾经因为害怕边缘性人格者自杀而按照他的要求去做事的话，我们建议你，在下一次危机发生之前，为你自己或者为你们双方去寻求专业的帮助。

向边缘性人格者表达出你的支持与关心，同时要坚定地维持你的个人界限。

应该做什么

让人感觉到被操纵的自杀威胁，是必败局面中的终极结果。无论你是否满足了边缘性人格者的要求，自杀风险仍然是无法接受的。所以，埃利斯和纽曼说，最好的方法就是直接拒绝被置于这种情况之中，哪怕边缘性人格者会千方百计地让你觉得应该为他/她的生死负责。你只要说不就可以了，可以参考下面的指导原则。

向边缘性人格者表达出你的支持与关心，同时要坚定地维持你的个人界限。你可以两者兼顾，当然边缘性人格者不会这么想。你可以利用镜面反射式的回应来实现这一目标，把生或者死的选择原样奉还给边缘性人格者，同时尽可能坚定地表示，你关心边缘性人格者，你希望他们选择活下去，并能够主动寻求帮助。

埃利斯和纽曼给出了下列示例回应，我们简单概括如下：

回应"如果你离开我，我就自杀"：
"我无法冷酷无情地和你分手。我非常非常抱歉，这伤害了你。我希望将来你能过得更好，但我确实无法成为你美好未来的一部分了。而且即便是我继续和你在一起，也不能解决我们之间的问题。首先，你的生活应该过得更有价值，而不仅仅是和我在一起。其次，我知道你心里也非常明白，我们的亲密关系不应该是因为害怕你寻死才维持下去的，也不应该是你觉得离开我就没法儿活下去才得以维持的，这些都是不健康的。我关心你，因为我关心你，我才希望你活着。我希望你能找到属于自己的幸福和你自己生命的价值，即便没有我。"

回应"如果你真的在乎我的死活，就应该每个周末都回家"：

"事实就是我爱你，我关心你，这已经是毋庸置疑的了。我觉得自己一次又一次地证明对你的爱，我怀疑即便是我每个周末都回家，对你来说也不够。我也想见你，我确实计划一个月回家一次或者几次。事实上我没法每个周末都回家，因为现在我有自己的家庭，自己的生活去照料。也许最好的解决办法是，你可以让自己去多做点别的事情或者去结交更多的朋友一起度过周末。你曾经说起一位在教会里认识的女士，她和你一块打过牌，最近你联系过她吗？"

你说这些话的时候，还要表现出你非常严肃地对待自杀威胁的态度。你的声音和动作里应该体现出温暖和关心。例如，你可以说"我们不得不把你送到医院。这是事关生死的大问题"。向对方表现严重的威胁会带来严肃的回应。这样，你不仅对边缘性人格者的求助表现出了适当的关心，同时还清楚地表明，在这种极端情况下，你是没有资格提供必需的专业协助的。

> 在某些情况下，你应该去寻求边缘性人格者生活中其他人的帮助：父母、亲戚、朋友、老师等等。不要把这种行为当作一个秘密，去找那些愿意支持你和边缘性人格者的人。

如果你的孩子是边缘性人格者

当一个儿童或者青少年对自己或者其他人构成危险时，父母们往往会束手无策，不知道该去什么地方寻求帮助。因为父母们通常会把孩子们的行为视作是自己的责任，所以他们会忍受孩子们的种种行为，如果换成是其他人出现同样的行为，他们是绝不可能接受的。如果你的孩子对自己或者对其他人施暴的话，去向心理医生或者其他外界机构、亲朋好友、危机处理热线、治疗中心以及支持群组寻求帮助才是正确的做法。

住院治疗

住院治疗通常是自愿的：孩子必须同意接受治疗。不过，如果专家们认为孩子对自己或者他人构成危险的话，他们和警方就有权依法批准孩子接受强制治疗，这种治疗可以持续 24 小时或者 72 小时。

莎伦负责管理的网络支持群组，是为有边缘性人格障碍子女的父母们服务的。她说自己群组内的一些父母非常担心，觉得孩子也许会在情况还没有真的安全之前就获准出院了。在一个案例中，一个过早获准出院的孩子服下了过量的药品，最后又再度住院。作为最后的手段，莎伦建议最简单的就是拒绝接孩子回家，即便是医院反对也没关系。她觉得这样能给父母争取更多的时间去做其他的准备，比如准备进行家庭护理等。然而，关于这方面的法律美国每个州都有所不同，甚至每个市也不同。在某些地方，你也许会被指控忽视儿童。所以先尽快去有资质的专家那里寻求法律建议比较好。

> 你已经依靠现有的资源，尽自己所能做到了最好。

警方介入

如果孩子变得暴力或者对他人造成威胁，你可以打电话报警。对于大部分警察局和报警电话来说，他们的反应时间基于对即时风险的估计。如果你能清晰而准确地说明孩子造成的伤害威胁，警方反应也许会更快。

莎伦建议尽快告诉警方，孩子患上了精神疾病，如果可能的话，在事情发生之前就要说清楚。"否则他们可能会觉得，这只是另外一起叛逆期青少年失控的事件。"她说。

克里斯汀·阿达麦茨在《如何与精神病患者生活：日常生活策略手册》（1996年）中建议，你应该事先准备好一份"危机信息"表格，并收藏在安全地点，报警后立刻交给警方。在她的作品中列出了这份表格的格式，这个表格内容包括：

☐ 孩子的简明病史

☐ 诊断与疾病的说明

☐ 孩子主治医生的姓名

☐ 孩子所服药物的名称

当警方抵达时，他们会首先控制局面，然后讨论解决方案。如果危机已经过去，就不会进一步插手处理。如果父母选择正式起诉，警方将会说明相关程序。

根据莎伦的介绍，在她的群组中，有些父母很担心，如果在警察离开之后，孩子又变得暴力应该怎么办，他们都坚持认为当局应该把孩子带到一个更加安全的环境中去。

如果孩子的恶劣行为持续升级，并且不愿意接受治疗的话，他/她可能会被送到青少年拘留所，或者以"疑似精神病"的名义被送到最近的市级医院中的紧急精神病拘留所去接受治疗。

在照料边缘性人格障碍患者时，最困难的一方面大概就是应对不安全行为。但是只要做好计划，寻求外界帮助，你就可以消除潜在的危险，让他们的行为变得没那么可怕。

第 9 章
保护孩子不受边缘性人格障碍行为的影响

我那自恋的父亲从来不曾和我谈过母亲的边缘性人格障碍行为。在我还上小学时，他就从情感上抛弃了我。我多希望他能够展现给我无私的关爱，多希望他不会丢下我，让我一个人去面对母亲和她的坏情绪。

　　我很高兴自己能出生，但有时候我也会希望自己没有出生。我仍然坐在情感的过山车上；我仍然是那个一直在徒劳地寻找无私关爱的孩子。虽然对我来说一切都太晚了，但是对于这里其他的边缘性人格者的孩子来说，还不算晚。

——约翰（边缘性人格者）

很多边缘性人格障碍患者从不会在他们的孩子面前发作。还有一些人能感受到自己即将发作的欲望，会自觉地努力保护孩子们不受自己的边缘性人格障碍行为影响。确实，明白自己的问题并且会努力克服的边缘性人格者绝对是优秀的父母，甚至比那些没有人格障碍，却不知道反省自己的父母要好得多。

然而，一些边缘性人格障碍患者不能或者不愿意在孩子面前控制自己的行为。也许他们会控制不住地大声叫喊，或者是处于抑郁的状态以至于无法像平常那样照顾孩子。还有一个极端的行为是，边缘性人格障碍可能会导致父母虐待或者忽略孩子。

当你阅读本章时，要记住不是所有的边缘性人格障碍患者都会在他们的孩子面前发作。另外，直接指向孩子们的边缘性人格障碍行为也许根据情况和相关人等的不同，在强度上也有极大的不同。

边缘性人格障碍父母的典型问题

就像我们在第 3 章中说过的那样，有些边缘性人格障碍患者无论从情感上还是发育上都很像是小孩。幼稚的他们：

- ☐ 很难把自己的需求放到一边，去关注其他人的需求
- ☐ 不能充分地考虑子女的需求、感受和愿望
- ☐ 可能会把全部注意力放在自己的情感问题上，从而忽视了孩子的情感需求
- ☐ 还会因为孩子们的需求和感受与自己的不同从而感到不快，并会因此嘲讽、贬低或者无视孩子们的需求。如果孩子在父母难过的时候表现出开心，也许会被当作不孝和麻木不仁

> 直接指向孩子们的边缘性人格障碍行为也许根据情况和相关人等的不同，在强度上也有极大的不同。

问题：难以区分亲子关系和其他人际关系

一些边缘性人格者发现，他们很难区分亲子关系和其他人际关系。例如，他们很难理解，自己的孩子竟然能够与自己不喜欢的人建立起良好的关系。一些边缘性人格者会试图利用孩子去报复其他人，另一些则会强迫孩子做出选择：是要维持与父母的亲密关系，还是要坚持忠于自己。再比如，边缘性人格者会告诉孩子，想要和朋友在一起是自私的表现。

问题：前后矛盾的教养方式

有些边缘性人格者父母对孩子的教养方式前后矛盾。他们会在对孩子过度干涉和不闻不问之间摇摆不定，选择哪一种方式主要看他们当时的心情和情感需求。边缘性人格父母也许只有在孩子做的事情能够满足他们的需要时才会关心孩子。一些边缘性人格者还会要求孩子表现完美，从而弥补自己的不完美。因此，在某些事情出问题的时候，孩子会觉得自己毫无价值。这类父母也可能会尝试着用不适当的方式利用孩子，来满足自己的情感需求（比如，因为不想自己一个人待着，所以让10岁的孩子和自己睡在一起，或者是不让孩子去参加同学的生日聚会）。

> "很多成年子女都不愿意回忆过去，因为他们觉得那时候自己就像是一个滑稽的傻孩子。"

问题：变幻无常的爱

一些边缘性人格者会在毫不负责和过分负责之间交替转换。例如，他们可能会忽视或者否认自己的行为对孩子产生的影响，但是当孩子成绩很差的时候他们又会感到内疚或者沮丧。

还有一些边缘性人格者看待自己的孩子时，会觉得他们要么处处都好，要么处处都坏。这会伤害孩子的自尊，让他们很难发展出始终如一的自我同一感。边缘性人格者父母也可能会时而有爱时而无爱；因此他们的孩子逐渐学会了不要相信父母，乃至有时候他们不会相信任何人。边缘性人格者的行为可能是相当难以捉摸，所以孩子生活的焦点集中在稳定父母的情绪、揣测父母的情绪和行为上，这破坏了孩子的正常成长。

边缘性人格障碍患者的孩子们通常都会"亲职化"，金伯利·罗斯和弗雷达·弗兰德曼博士在共同创作的作品《与内心的小孩对话：如何治愈你的童年创伤》中说："这就是说，他们学会了监护者的行为方式，也许是为了兄弟姐妹，也许是为了父母。很多孩子成年后，都想不起自己儿时是否曾有过淘气顽皮、充满童稚的时光。"

问题：感觉孩子的正常行为威胁到了自己

边缘性人格父母也许会觉得孩子的正常行为威胁到了自己。随着孩子不断长大，变得越来越独立，边缘性人格者也许会感觉自己被抛弃了，随后会变得沮丧，还可能会对孩子发火。边缘性人格者也可能无意识地试图去增加孩子对自己的依赖。因此，孩子们会很难脱离父母，或者觉得难以掌控自己的生活。当孩子生气时，边缘性人格者也许会表现得毫不在意或者用愤怒作为回应，结果让情况变得更加糟糕。

问题：无法给孩子无私的爱

一些边缘性人格者很难无条件地去爱孩子。他们可能需要孩子表现得完美，用以弥补他们自己的不完美。如果孩子不听话，边缘性人格者就会觉得孩子不爱自己，因此变得愤怒或者沮丧，然后收回自己对孩子的关爱，于是孩子开始明白父母的爱原来是有条件的。边缘性人格者可能还需要相信自己的孩子是愚蠢的、一事无成的或者毫无魅力的，这样他们才会觉得不只有自己这样糟糕。还有，这种有条件的爱会令边缘性人格者觉得自己比其他人更加能干。

问题：觉得孩子的感受和观点也是一种威胁

边缘性人格者们希望孩子就和自己一样，而当孩子们有与他们不同的感受和观点时，他们就会感觉受到威胁。在患上另外一种人格障碍——自恋型人格障碍的患者中，这种教养模式很常见。在《困入镜中：为自己而战的自恋者的成年子女》（1992年）一书中，伊兰·戈洛姆写道：

> 满足他人期望的压力，就像游鱼承受的水压，这种压力每时每刻全方位地环绕在身边，令孩子们很难意识到它的存在。（这些孩子）感觉自己好像没有生存的权利。任何带有独立意味的行动都被当作背叛，导致父母对他们造成无法弥补的伤害，所以他们的自我被扭曲，再也不是正常的样子了。

尽管戈洛姆写的是另一种人格障碍，但是对于孩子们来说，造成的结果是相似的。一些边缘性人格者可能会从身体上或者情感上虐待或者忽略孩子。他们的冲动行为也许会威胁到孩子的安全或者幸福，他们也许会对孩子拳打脚踢，也许会用极为恶劣的语言辱骂孩子，或者干脆告诉孩子他们又坏又无能。这些都会破坏孩子的自我观念、自尊和自我价值。有一些情形虽然没有太多直接虐待，但是造成的伤害却差不太多，那就是边缘性人格者们不能或者不愿意保护自己的孩子不受他人虐待，这可能是因为他们觉得保护孩子的话，也许会威胁到自己与施虐者的亲密关系，又或者因为边缘性人格者太过于关心自己的问题，无暇顾及孩子。孩子们则通常会认为遇到这种对待，全都是因为自己没有价值。

失控的边缘性人格障碍行为的潜在影响

在我们采访医学博士安德鲁·皮肯斯时,他说:"那些对孩子进行言语虐待的父母会造成情感创伤。伤害的严重程度取决于很多因素,比如孩子的遗传气质、其他成年人给予孩子的关爱与移情、孩子的年龄(越小的孩子就越容易受到伤害)、虐待的强度和其他因素。"

朱迪丝·约翰斯顿过渡家庭中心的执行董事珍妮特·约翰斯顿博士在我们的采访中表示,由于边缘性人格父母的行为和孩子的气质各不相同,边缘性人格障碍行为对孩子产生的影响也不同。例如,如果"向内付诸行动"型的边缘性人格父母正好对应了一个具有"照料者"人格特质的孩子的话,孩子就会觉得自己有责任让父母感到快乐幸福。

塞拉(边缘性人格者)

我3岁的女儿贝丝看着我因为服用过量药物而被救护车带走。当我躺在病床上时,因为心情太低落,几乎无法起来喂她,她就安静地自己玩玩具。甚至当我假装哭泣的时候,她也会眼含热泪。她学会的第一句完整的话是:"妈妈你还好吗?"当我觉得开心,并且开始从情绪黑洞中走出来的时候,发现她的成长变化似乎是在眨眼之间就完成了,好像是要为了弥补她面对我带来的阴影而失去的时光。我下决心从这种可怕的境地挣脱出来,好让自己能够做一个真正的妈妈,而不是孩子的负担。

如果是"向外付诸行动"型的父母,再加上一个更加独立的孩子,就能创造出一种非常独特的混乱状态。当一位边缘性人格母亲发脾气的时候,她的儿子会在纸上写下诸如"闭嘴!"和"我恨你!"这样的语句,然后丢到他妈妈的面前。很多研究表明,边缘性人格障碍倾向于在家族之内继承,这种倾向可能是由于遗传学,也可能是由于环境因素影响,目前尚无定论。比如,如果有父母罹患边缘性人格障碍这类的精神疾病,或者复合类精神疾病的话,孩子可能就会产生类似父母的行为。那些本身并没有患上边缘性人格障碍的孩子,仍然有很高的风险发展出与边缘性人格障碍相关的特质,类似于:

- ☐ 难以控制自己的情绪
- ☐ 进食障碍、成瘾和身体虐待问题
- ☐ 过度美化或贬低他人的倾向
- ☐ 羞耻、空虚和自卑感。这种倾向可能由于生理因素,也可能由于环境因素而产生

一项发表在《人格障碍杂志》上的研究发现,母亲的边缘性人格障碍症状与人际关系和家庭关系问题有关,而且这种症状会令她的未成年子女产生一种恐惧型依恋模式,这种孩子走出家庭之后,在外部环境中将会面临产生心理和社会问题的风险(赫尔、阿曼和布伦南,2008 年)。

根据玛丽贝尔·费雪博士的说法，当父母一方罹患边缘性人格障碍时，孩子原本正常发展的自我认同感也会发生偏移。在我们采访费雪时，她说："孩子的'自我'会变成一种用于调节边缘性人格父母的机制，而非原本内在的、有凝聚力的事物。"

> 那些本身并没有患上边缘性人格障碍的孩子，仍然有很高的风险发展出与边缘性人格障碍相关的特质。

罗斯和弗兰德曼在《与内心的小孩对话》（2003年）中写道：

你是谁？作为一个患有边缘性人格障碍和/或其他情感与认知困难的人的孩子，回答这个问题也许会异常困难。当你还是小孩子的时候，对这个世界的认知，你可能根本就得不到反射或确认，而这种反射或确认恰恰是婴儿所需要的，用以了解自己在这个世界上所处的位置，了解自己的感受、观察和认知是不是健康而正常的。没有这种早期反射，你就很难认识自己、了解自己……作为一个孩子，你想要讨人喜欢。如果妈妈想要一个小芭蕾舞者做女儿，你就会在芭蕾课上努力表现，哪怕你自己心里想要出去踢足球或者在家里读书。如果爸爸需要在他酩酊大醉，从车库出来找不到家门时，有人能把他带回家，你很可能会因为想要做个好人而忽视自己的感受与需求。

伊兰·戈洛姆（1992年）说：

要成为一个完整的个体，孩子在他们的成长阶段中需要体验真正的接纳；他们必须明白，自己确实得到了理解，而且在父母的眼中自己是完美的；他们需要蹒跚前行，有时候会跌倒，只有父母充满怜爱的笑容才能鼓励他们。通过父母的接纳，孩子们明白了自己的"实然（is-ness）"状态，他们本质的自我，理应得到爱。

同样，罗斯和弗兰德曼在《与内心的小孩对话》（2003 年）中列举了六种能培养出健康孩子的做法：

1. 支持

2. 尊重与接纳

3. 表达

4. 无条件的爱与感情

5. 一致性

6. 安全感

边缘性人格障碍患者"很可能在儿时不为他们自己的父母所接受，或者被迫去模仿父母，所以他们没有正确而健康的参照物。而且由于他们的自我感知极为脆弱，所以也无法寻求帮助或者接受自己的缺点"。作者（罗斯和弗兰德曼，2003 年）这么写道。

对于人与人之间的亲密关系，边缘性人格障碍患者的孩子们学到的很可能是一种扭曲的观点。例如，费雪的一位患者感觉，自己不能与任何人发生情感上的关系，因为他害怕对方会控制自己的生活。他所有人际关系都是浅尝辄止，他的情感生活也非常的乏味。

边缘性人格父母会在极端的爱和愤怒（或抛弃）行为之间摇摆不定，他们的孩子则通常会极端难以和他人建立起充满信赖的亲密关系。他们会无意识地设置考验去证明他人对自己的爱，或者会仅仅因为一次小小的拒绝甚至假想中的拒绝就感觉被抛弃。

马修·麦凯和他的合著者在《当愤怒伤害了你的孩子时：父母

指南》(1996年)中总结说,研究表明,常年生活在父母的怒火中的孩子,在长大成人后会比那些父母较少发怒的孩子面临更加严峻的问题。对于女性来说,影响包括:

☐ 抑郁

☐ 情感麻木

☐ 痛苦地渴望亲密关系

☐ 无能为力的感觉

☐ 在学业和工作中成就有限

对于男性来说,最主要的问题似乎就是难以维持情感依附关系。

保护孩子的实用建议

大部分边缘性人格障碍父母都非常爱自己的孩子,并且担心自己的行为对孩子造成影响。很多边缘性人格者告诉我们,发觉自己可能会伤害到孩子,这种认知带给他们勇气和决心去治愈边缘性人格障碍。如果你生活中的边缘性人格者也有同样的态度,那么你就更容易给他们支持、设置界限,帮助他们去努力提高教养孩子的能力。

> 边缘性人格父母会在极端的爱和愤怒(或抛弃)行为之间摇摆不定,他们的孩子则通常会极端难以和他人建立起充满信赖的亲密关系。

然而,如果边缘性人格者拒绝承认自己的行为对孩子而言是一种虐待和伤害,或者不愿意改变,那么你就应该去扮演一个更加坚定而自信的角色。记住,边缘性人格障碍行为对于成年人来说都很难应对,对于孩子来说就更难应对了。孩子们没有洞察力,不谙世事,少有或者没有能力去理解什么是边缘性人格障碍。不仅如此,孩子们要依靠他们的边缘性人格父母去满足自己的基本生活与情感需要。

保护孩子不受边缘性人格障碍行为影响的能力，取决于很多因素，包括你与孩子在法律和情感上的亲密关系、你与身边的边缘性人格者的亲密关系、你们当地的法律法规，以及你设置界限的意愿与能力。总的说来，你与边缘性人格者和孩子们之间的亲密关系越亲近，你面对的压力就越大，你的责任也就越大。下面有一些建议。

> 记住，边缘性人格障碍行为对于成年人来说都很难应对，对于孩子来说就更难应对了。

确定优先顺序

一些非边缘性人格者没有采取行动，是因为他们害怕伤害到自己与边缘性人格者之间的亲密关系。他们担心如果为孩子而设置了界限的话，边缘性人格者会发怒，会轻视他们或者与他们断绝关系。

一旦你能确定自己可以承担什么样的风险，那么无论你做出了什么样的决定，都必须要面对它带来的长期后果。

> 诚实地面对自己：不要低估或者忽视边缘性人格者的行为对孩子造成的负面影响。一位非边缘性人格者为了证明他的不作为是有道理的，居然告诉自己，他的孩子会从继母的怒火中学到有价值的一课：世间险恶。这些自我开脱的行为会让非边缘性人格者感觉稍微好过一点，但是却完全不能保护孩子。

树立好的榜样

孩子们大多经由观察来学习,所谓身教重于言传。这就是为什么人生导师和行为榜样"在塑造健康的行为、帮助孩子洞悉来自父母的情感挑战或者仅仅时不时地帮孩子消除不健全家庭带来的负面影响中,能够扮演极为重要的角色"。罗斯和弗兰德曼在《与内心的小孩对话》(2003年)中这样说。

看着你一步一步地将本书中讨论的内容应用到实践中去,对于孩子而言也是一种相当有效的方式,可以从中学会超然、自理、设置界限等基本技能。反之亦然:如果你展示了一种不够健康的应对机制,孩子们也将会学到。

比如,当孩子们看到萨姆和他的边缘性人格妻子发生争端时,萨姆就会觉得非常尴尬。他错误地认为妻子的行为仅仅会对自己产生负面影响。所以他尽可能地希望大事化小小事化了,甚至允许妻子口出恶言。如果萨姆反抗的话,妻子就会辱骂他,愤怒地指责他。当这一切在孩子们面前发生时,萨姆感到非常羞耻。

萨姆的目的是让自己显得宽容而负责任。但他的孩子们却认为,当妈妈发飙时,自己就得忍气吞声,默默承受。他们渐渐地认为,妈妈说的话一定是对的,因为如果妈妈错了,爸爸应该会指出来。

> 孩子们大多通过观察来学习,所谓身教重于言传。

如果萨姆利用了设置界限和镜面反射技巧,平息局势,同时恰如其分地维持自己的界限,孩子们就能够学到很重要的一课:尽管他们的妈妈有时候行为方式并不那么健康,但她应该为自己的行为负责。

我们另外还有两条建议，能够让你在孩子们面前展示健康的行为：

☐ 首先，务必要在孩子们的面前坚持自己的界限。你可以解释说："妈妈有时候会有点抓狂，这没关系。但如果妈妈对爸爸大喊大叫，那就不行了。"

☐ 其次，如果边缘性人格者总是喜怒无常，不要让他们的情绪影响到任何人或者破坏孩子们的计划。让孩子们明白，即便是有一位父母情绪低落，他们也可以心情愉快，玩得开心。即便是你的边缘性人格伴侣心情烦躁，也尽量不要取消和孩子们约好的娱乐活动。

获取边缘性人格者的支持

珍妮特·约翰斯顿和薇薇安·罗斯比在《以孩子的名义：以发展的方法理解与帮助面对冲突和暴力离婚的孩子》（1997年）中说，边缘性人格障碍患者希望得到支持和关爱，并希望人们能够认可他们确实已经尽到了最大的努力。但是即便你用一种支持的态度提出批评和建议，无论怎么表达都会被解读为恶意的批评。

约翰斯顿提出三点建议，来应对这种状况：

1. 引发边缘性人格者希望带给孩子最好的一切的天性。换句话说，不要暗示边缘性人格者他们对孩子的教养有多么差劲。只要简单指出哪些行为对孩子们有好处，哪些可能会造成伤害就行了。

2. 强调教养孩子是世界上最艰辛的工作，所有的父母都随时需要帮助。

3. 如果边缘性人格者有不幸福的童年，引发对方希望给孩子更

美好的童年的愿望。

玛丽贝尔·费雪博士建议，可以在边缘性人格者平静的时候进行交流，首先要让边缘性人格者明白，自己对孩子也有真正的爱与奉献："通过强调积极的方面与你赞成的部分，与边缘性人格者建立起一种联盟。唤醒他们对于美好的感受，不要责备、羞辱或者抨击对方，这只会让人们充满戒备。"

比如下面这两种说法就会让人感到羞愧，"你到底有什么毛病？"和"你怎么能这样做？"反之，你应该这样说："这段时间你养育孩子实在是太辛苦了，我知道你想要给蒂姆最好的一切。但我们不能忽视的是，有时候你和他在一起的时候似乎有点失控。我确实能理解，在你经过了一整天的工作回到家之后，他有多麻烦。我知道你最近压力很大。但是几天以前你好像打了他，我很关心这件事。我们需要找出一个法子，好让你能在不知所措的时候做点别的什么事情，比如说打电话给某个人或者到某个地方去。很多人都发现，听听咨询师的建议，学习一下如何让事情变得更好，会很有帮助。"

> 协助边缘性人格障碍患者得到帮助，并帮对方建立起一个支持网。

提供积极的反馈和建设性的评论，而不是批评与责怪。费雪说："要巧妙地影响边缘性人格父母，免得（他／她）变得孤立。人们常常会倾向于自扫门前雪，并且会觉得'这是妈妈的问题'，然后丢下不管。反之，应该这样想，'虽然是妈妈的问题，但我们应该怎么做，才能尊重她，并保持我们家庭的完整呢？'"

问问边缘性人格者，针对教养问题，他们什么时候愿意听取反馈，希望得到怎样的反馈。最重要的是，尽量去获取边缘性人格者的支持，帮助孩子们接受现实：爸爸/妈妈爱他们，只是有时候无法调节自己的情绪。

强化你和孩子的亲子关系

无论你是为人父母、家人或者朋友，只要你多和孩子一起度过快乐时光，就能够对孩子产生极大的影响。

> 问孩子几个问题，看看他们的生活中发生了些什么，尽量参与进去。如果孩子们愿意的话，多多地拥抱他们，即便是年龄较大的孩子也是一样。不断地向他们展现出你的爱和情感。

假如合适的话，尽量巧妙地去消除让你担心的行为。例如，27岁的丽莎担心她男友的女儿在家里没有足够的隐私。那时候小女孩斯蒂芬妮已经10岁了，却还和她的妈妈（取得了孩子的抚养权）睡在同一张床上。丽莎和她的男友无论何时一起去探望斯蒂芬妮，她都会特别注意尊重斯蒂芬妮的界限，尽可能多地给她个人隐私。她还会花时间和小女孩建立一种充满信任的亲密关系。最后，斯蒂芬妮终于开始坚决要求在家里拥有属于自己的空间了。

不带成见地倾听孩子们的话，帮助他们信任自己的认知，鼓励他们谈论自己的感受，这些感受可能包括从悲伤到愤怒。他们甚至会对你发火，也许是因为他们感觉对你发火比对边缘性人格者发火要更安全。让他们知道，他们的感受是正常的。你要尽可能地保持言行始终如一，信守你的承诺，让孩子们知道他们可以依靠你。鼓励他们在需要的时候打电话给你,只要你觉得合适,就尽量让他们多来找你。

> 鼓励其他成年亲属也去和孩子们建立起亲密关系。祖父母、姑妈姨母、叔伯、姻亲以及其他朋友,都能够让孩子的生活发生真正的改变。每一个与之有关的人都应该清楚,他们不是偏袒孩子,而是将他们的爱与支持带给了孩子和父母双方。

鼓励独立思考,带给孩子全新体验

边缘性人格父母的孩子们,可以通过与其他父母和孩子的交往获益。让孩子们在边缘性人格父母不在场的情况下获得新的体验,鼓励他们天生的好奇心和冒险欲,鼓励孩子们去追求自己的兴趣和梦想。

在采访中费雪说:"注意,不要强行分开孩子和边缘性人格障碍父母。如果简妮不想离开妈妈去什么地方待几个小时的话,就不要强迫她。但你可以带着简妮出去稍微散散步,并告诉她,妈妈会在家里等她回来。"

如果你是一位非边缘性人格家长,你的边缘性人格配偶反对孩子独立,你可能需要设置一些界限:"汉娜真的已经够大了,她可以去朋友家过夜了。我知道这让你很不安,但是我强烈地感觉,我们需要鼓励她和其他孩子之间建立正常的友情。我答应了她,她已经和朋友约好了。也许那天晚上我们两个可以一起出去吃晚饭,然后再去看个电影。"

> 帮助孩子们信任他们自己的认知。

帮助孩子们客观看待边缘性人格者的行为

大部分孩子觉得一切都是自己的错,所以你需要帮助他们客观看待边缘性人格者的行为,尤其是边缘性人格者当众责备孩子时。

蕾切尔·赖兰是《带我逃离:我的边缘性人格障碍痊愈之路》(2004)的作者。在这本书中,她阐释了自己的丈夫蒂姆是如何帮助他们的孩子客观看待人格障碍行为的。

他会告诉我们的孩子:"妈妈生病了。不是那种会让你嗓子疼或者肚子疼的病,而是那种会让你非常非常伤心的病。妈妈现在住院了,因为有一位特殊的医生来治疗这种病,这位医生能够帮助妈妈好起来,不再常常哭闹或者发狂。孩子们,妈妈总是哭闹或者发狂不是因为你们做了什么,而是因为她病了。妈妈非常爱你们,你们两个让她感觉非常幸福,她能够微笑或者开怀大笑,最根本原因之一就是因为你们两个。"他反反复复地这样告诉孩子,这样做也确实非常有效,你能够看到孩子们眼中的释然。

珍妮弗(非边缘性人格者)

因为孩子们在我的边缘性人格丈夫读报纸的时候打扰了他,所以他对孩子们咆哮了十分钟。那时候我告诉孩子们:"我知道爸爸发火是因为你们打扰了他。但是要知道,实际上爸爸发火的原因不止如此,我们可以说他只是赶巧了才会反应这么激烈。他可以要求你们安静下来,过一会儿再和他讲话,但是他没有这么做,而是变得十分激动并且大吼大叫。你们的所作所为本来是不会让爸爸这么生气的。尽管爸爸已经是个成年人了，但有时候他还是会失去控制。想想昨天你们什么时候特别生气来着，是不是在超市我不让你们买糖果的时候？你们开始哭个不停，妈妈不得不安慰了你们很久。爸爸的反应就类似这样。但是他的行为是他自己的责任，而不是你们的过错。"

当然，大一点的孩子能够直观地理解这种情况。然而，即便是孩子直观地意识到了边缘性人格障碍父母的行为不是自己的错，他仍然会觉得在某些方面自己有错。你与孩子之间的亲密关系是你的最佳指导，能帮助他们理解边缘性人格者的行为，学会处理他们自己的感受。

为与边缘性人格者有关的孩子设立界限

蕾切尔·赖兰（边缘性人格者）

蒂姆对我设下了关于孩子的坚定界限。在最糟糕的时候，我会失去控制，怒不可遏，歇斯底里。蒂姆知道我的行为肯定会吓坏孩子，所以他会把我推到一边，非常坚定地告诉我，孩子们正在听着，而且被吓坏了。"你不应该让孩子们看到这些，"他说，"你失控了，马上上楼去待会儿好吗？"我几乎总是马上照做。少数时候我不照做的话，他就会把孩子们带到别的地方，直到我冷静下来。

就像大部分边缘性人格者一样，我有时候能控制自己，有时候完全控制不了自己。丈夫坚定的提醒不仅仅是一种界限，而是一种真正的制止，把我从幼稚的心态中拉出来，让我意识到自己有成年人的责任，我的行为会对我的孩子造成影响。这也许不足以让我与现实世界看齐、理性地思考，但是已经足够让我把这种行为影响的目标转移开来。

然而，一些患有边缘性人格障碍的父母也许并不会这么配合。当一位父亲回到家时，发现他的妻子正在打儿子的头，还蔑视并恶毒地辱骂孩子，他安抚了哭泣的儿子，然后按照原计划带妻子出门晚餐。就在他们吃吃喝喝时，他委婉地向妻子指出，殴打和骂人并不是发泄她坏心情的最好方式。这位母亲表示赞同，但却为自己的行为辩解说："我头疼。"这位父亲就觉得很沮丧，因为妻子不仅不明白问题的严重性，还对自己的行为满不在乎。

> 孩子不能为自己设置界限，所以你应该为他们设置界限。

适时向边缘性人格者委婉地提出建议，是最好的做法。但上述案例并不是。在这个案例中，这位父亲可以暂缓出去晚餐的计划，先当场解决问题，说清楚妻子的行为可能会对孩子造成的伤害，坚持表明这种事情绝不能再发生，并且与母亲合作，帮助她找出应对自己挫败感的其他方法。

只要你看到或者听到孩子受到身体和情感虐待，就要格外严肃地对待。无视虐待行为，也许会让边缘性人格者认为你允许他再次这么做。而一旦你设置了关于孩子的界限，就要始终如一地遵守。

为孩子寻求治疗

如果能找到一位有治疗边缘性人格障碍患者及其家庭的经验的心理医生，孩子们也许会得到极大的帮助。治疗能够帮孩子们改善的症状包括下面几条：

- ☐ **难以积极应对痛苦的感受**：强烈或者持续时间很长的悲伤或者其他令人痛苦的情绪感受；反复产生的伤害自己、他人或者小动物的想法。

- ☐ **不利己行为**：这包括在家庭、学校或者朋友之间出现的引发问题的行为（例如，药物滥用、斗殴、非常糟糕的成绩和其他难以处理的行为）。在更小一点的孩子身上，这些迹象还包括频频莫名其妙地发脾气，固执的叛逆行为或者攻击性。

- ☐ **不明原因的生理问题**：睡眠或者进食习惯显著改变，多动症。

> 只要你看到或者听到孩子受到身体和情感虐待，就要格外严肃地对待。无视虐待行为也许会让边缘性人格者认为你允许他再次这么做。

如果你需要找一位儿童心理医生的话，可以请你的儿科医生帮忙推荐，亦可打电话给当地热线或者美国精神与心理疾病联盟求助。你可以与心理医生电话联系或者面谈，确保你对他们充满信心。

带孩子离开受虐环境

当情况变得不够安全时，你就需要带孩子离开。离开前，在孩子们听不到的地方与边缘性人格者商量一下。就像前面例子中的蒂姆那样，向对方指出孩子们不应该面对这样的行为，并建议稍后你们两人再单独讨论这件事情。或者表明你要把孩子们带到别的地方，给对方一些时间让他冷静下来。

将孩子从当前环境中带离

如果边缘性人格者仍然处于失控状态中，你可以带孩子去购物、去吃点冰激凌、去亲戚家串门、去公园、去看电影、去儿童博物馆、去游乐场、去动物园，等等。如果边缘性人格者总是在孩子们面前行为失控，你也许需要提前做好准备，计划一下有哪些事情可以做，哪些地方可以去，在包里放一些孩子的用品，做好随时出门的准备，或者也可以安排朋友或者亲戚提供能够"随时待命"的帮助。

让孩子多多参与活动

当孩子们逐渐长大时，帮助他们积极参与各种课外活动。这样做能够实现四个目的：

1. 尽量减少孩子面对边缘性人格行为的机会。

2. 增加孩子们的自信和自尊。

3. 让孩子们能够和其他有爱心的成年人接触。

4. 能够减轻一些你的压力。

如果你想要离婚

如果你已经打定主意想要和患有边缘性人格障碍的配偶离婚的话，可能会担心自己离婚后，如果对方虐待孩子，你无法在场保护孩子。很多男性都会产生这种担心，而且事实也确实如此。

那些争取抚养权的男性告诉我们，他们主要面对三种阻碍：

1. 司法制度一般会更加偏向母亲，尽管这种情况已经开始改变，但极为缓慢。

2. 司法制度大体上并不关心我们在本章节中讨论过的那些不同类型的情感虐待。法官、律师和积极分子们告诉我们，只有身体虐待能够得到核实并且在法庭上进行评估，情感虐待则做不到。法官们知道，父母为了争夺抚养权通常会撒谎或者夸大其词。所以除非你有专家证词（这很贵）或者有可信的目击证人，否则法官们可能就会低估甚至无视你认为是极端情感虐待的行为。

3. 有些即将成为前妻的边缘性人格者，会因为可能失去抚养权而疯狂，并因为丈夫抛弃自己而大发雷霆，采取欺诈行为来诋毁配偶。她们的策略包括拒绝丈夫探视孩子、申请限制令以及诬告配偶对孩子性虐待。

如果你是一位正在争取抚养权的男性，为了你的孩子和你自己的利益，尽可能去找一位既对男性争取抚养权问题具有丰富经验，又擅长应对我们刚刚描述过的这些问题的律师，请他给你提供合法的帮助，这绝对能够起到决定性的作用。

作为一名律师、调解人和心理治疗专家，威廉·埃迪在国际上也享有盛誉，他特别擅长解决与高冲突人格者之间的法律纠纷，尤其是边缘性人格障碍和自恋型人格障碍患者。他在著作《分离：在与边缘性人格者或者自恋者离婚时如何保护你自己》（2004年）中的"出庭准备""诉讼程序"和"特殊问题"几个章节中，介绍了该如何找到这样一位律师，甚至不仅仅是一位律师。

埃迪说："应对高冲突型的人，通常涉及的有效技巧与一般人的想法大相径庭。学习这些技巧需要时间和锻炼，但是在分析、应对和克制高冲突型争端时，能够带来令人意想不到的转机。"

（2003 年）

埃迪在书中阐释的主要内容是，对于非边缘性人格者与他们的子女来说，离婚的过程相当于在为他们双方的亲密关系打基础，其中的关键点可以称为"自信的方法"：这是一种敏感而不被动、坚持而不侵犯的方法。

埃迪说，当人们走上法庭时，司法系统实际上就是鼓励分离的。"当人们走进法庭时，他们就进入了一种对抗性的决策系统，将人们分成'全好'或者'全坏'……这种强化分离的做法会极端地威胁到（边缘性人格者）脆弱的自我和内在的不安全感。这让他们平常的夸大其词和恐惧得到了严肃对待，为他们提供了一个公开将所有的谴责直接加诸'恶劣配偶'身上的机会。"（2003 年）

自信的方法包含五个原则：

1. 战略性地思考，不要被动思考。当你生气时，先停下来想想。不要冲动行事。

2. 有选择地应对。与律师谈谈，什么问题需要做出反应，什么问题可以不予理会。比如，有挑衅意味的信函一般不需要回应。

3. 不要让自己成为靶子。在法庭上，要做好心理准备，你所说过或者做过的事情，哪怕是毫无恶意，对手也有可能会为了达到目的歪曲事实。保持沉着冷静。

4. 要非常诚实。半真半假的事情，相对于能够完全被证实为虚构的事情更难否认。你需要用诚实去反击情绪化的指责。

5. 收集能够证明你配偶行为模式的本质的证据。要实际出庭的时候拿出那些最有用的证据。

和年龄较小的孩子谈谈

约翰斯顿和罗斯比（1997年）建议，如果孩子的年龄在4至6岁之间，父亲们只要给予孩子好的、积极的信息就行了，诸如，"这不是真的。无论其他人怎么说，爸爸都非常爱你"。她建议"不要担心这会与孩子们的妈妈所说的话发生冲突；孩子们还太小，不能够理解大人的动机，他们在心里一次只能记住一套说辞"。

与年龄较大的孩子谈谈

当孩子们再大一些后，到了8至10岁，他们就有能力区分不同观点了。你的目的不是通过告诉孩子们"我方的说辞"，从而将孩子们夹在中间左右为难；而是要告诉他们真实的信息，从而逐渐引导他们去发现真相。提醒孩子们，你和他们在一起时做过的所有充满爱意的事情，最好用最近刚刚发生的具体的例子。帮助孩子们发现自己的感受，保证你对他们的爱。你随便说什么都可以，但千万不要去诋毁孩子的另一名家长。

这里有一个案例，告诉你应该对一个小孩子说些什么。这和对青少年讲述的主要内容大致相同，但是你使用的语言应该有所不同：

"你要知道，离婚对于爸爸妈妈来说也是很难过的。当人们分手时，每个人都会很伤心。我觉得妈妈现在一定非常生爸爸的气。当你妈妈生气的时候，她可能会把别人想得很坏。还记得你有一次生日，我回家晚了的事情吗？你妈妈告诉你，我在外面和朋友一起，结果等我回到家，你发现是一根钉子刺破了我的车胎。那天晚上，我送给你一个篮球做生日礼物，我们一起去运动场上打球，玩得很开心。那时候我爱你，现在我也爱你，我永远都会爱你，无论其他人怎么说。如果你觉得害怕，可以马上打电话给我，无论何时，我都会在电话里给你一个大大的拥抱。"

亚伯（非边缘性人格者）

几个星期之前我带着我的三个孩子一起去度假（没有和我妻子一起去）。我告诉他们，他们也许会从妈妈那里听到关于我的坏话。我告诉他们，不一定要相信妈妈说的话，他们可以相信自己的感受或者自己看到的真相。我还告诉孩子们，我不会强迫他们按照我妻子的方式或者我的方式去看问题，他们可以自己判断真相是什么。就算他们最后得出的观点和我不一样，我也会爱他们，也不会朝他们发火。我得说，这真的对孩子们很有帮助。

> 你随便说什么都可以，但千万不要去诋毁孩子的另一名家长。

致那些考虑要孩子的人

在本章中,我们给出了很多建议,教你去保护孩子们不受边缘性人格障碍行为的影响。我们在本章的结尾提出这种想法:如果你和你身边的边缘性人格者没有孩子,但是正在考虑生孩子的话,我们建议暂缓这个计划,等到边缘性人格者得到充分康复之后再说。

原因是:对于边缘性人格障碍患者来说,觉得自己的情感被忽视,是会让他们爆发的最危险的导火索(见第 6 章)。然而孩子们通常都会忽视父母的情感,这是小孩子的天性使然。

当父母设置了必要的规则和界限时,孩子们不会因为父母给他们提供了指引而表示感谢,反而可能会哭闹、尖叫和叫嚷:"你们是世界上最差劲的父母!"当父母觉得烦躁,要求孩子们让自己安静一会儿时,孩子们反而会要求父母给他们念故事书或者带他们出去玩。

> 如果你和你生活中的边缘性人格者没有孩子,但是正在考虑生孩子的话,我们建议暂缓这个计划,等到边缘性人格者充分康复之后再说。

当父母想要与孩子们亲近的时候，孩子们却可能决意坚持自己的独立性；当父母想要教育孩子正确的价值观时，孩子们却可能会拒不接受。一般来说，孩子们很长时间内都不会明白父母做出的牺牲，直到他们长大成人，有了自己的孩子之后，才会理解父母的良苦用心。

教养儿女是这个世界上最艰难的工作。其中一部分原因就是你总会做很多无用功。确保你的所作所为从长远来看，对你自己、边缘性人格者和你带到这个世界上来的小生命而言，都是最好的选择。

第三部分
特殊情况特殊对待

第 10 章
等待另一只靴子落地：
　　你的边缘性人格子女

  结婚十五年后,我仍然不明白自己究竟哪里做错了。我去图书馆查询图书,找医生恳谈,向心理咨询师倾诉,阅读文章,与朋友们交流。我用了十五年的时间困惑、烦恼,并且相信了她对我的绝大多数评价。我怀疑自己,受伤深重,却不知道原因。

  后来有一天,我终于在网上找到了答案。我如释重负,放声大哭。尽管我还是不能让有边缘性人格障碍特征的她承认自己需要帮助,但至少我终于明白发生了什么。这不是我的错,现在真相大白了。

——摘自"欢迎来到奥兹国"网络社区

莎伦和汤姆的故事

莎伦和汤姆有两个女儿,艾米和金姆,这两个孩子正处于青春期,艾米在 14 岁时被诊断为边缘性人格障碍。一年之前,13 岁的她在一场聚会上与几个男人发生了关系,那之后还企图雇用黑帮杀掉自己的父母。当莎伦知道这件事后,立刻把艾米送到了精神病院。莎伦说:"后来艾米告诉我们,如果我们没有把她送进医院的话,三天之后我们全都会死。"

确诊

在医院里,精神科医生们诊断艾米患上了躁郁症。一年之后,药物治疗毫无效果,艾米用一把剃须刀片自残之后,医生们又将诊断结果改成边缘性人格障碍。那时候,诊断边缘性人格障碍的九条标准艾米全都符合。

在接下来的几年中,莎伦和汤姆的生活充满了各种危机。当一切看起来都很好时,艾米就会做点什么,打破那种平静。"我们好像一直在等着另外一只靴子落地。"莎伦说,"而且有时候,那是一只又大又重的靴子。"汤姆有一个收听警方无线电台的爱好,一天晚上他听到警方派遣一辆救护车到自己家的地址来,原来是艾米在楼上自己的房间里吞下了一把药片，然后惊恐万分，打了急救电话。

教养的挑战

除了经营自家的印刷生意，尽量多关心自己的非边缘性人格女儿金姆之外，汤姆和莎伦的主要挑战就是帮助艾米应对抑郁、暴饮暴食和社交问题，同时还要应付她的谎言和歪曲事实造成的后果。有一次，艾米散布谣言说学校里一位很有人缘的女孩子怀孕了；另一次她告诉一位来印刷厂的黑人客户说，他们家不欢迎黑人；还有一次，有关部门甚至打算强行把艾米和金姆从家里带走，因为艾米控告父母对她们疏于管教，是金姆出面证明艾米纯属诬告。

现在的生活

艾米现在已经18岁了，她正在读大学，自己一个人住在离家很近的地方。她有一份兼职工作，还会从父母那里得到经济援助。她觉得自己的状态越来越稳定，家庭的支持、适当的药物治疗以及学业与工作的成功，都增强了她的自尊。"我一直到最近才做好准备接受治疗，"艾米说，"我终于明白，看医生不是什么丢脸的事情，因为那些没有患上边缘性人格障碍的人也会去看心理医生。"

如今，莎伦和艾米的母女关系非常亲近。当我们问莎伦，她是如何放下过去的一切时，她轻描淡写地说："这就是为什么我们说父母的爱是无私的爱嘛。"她还说，"这种精神疾病的痛苦才是我们每个人曾经感受过的最大痛苦。我们一周七天，每天24小时伴随着这种疾病。没法子解释在金姆的成长过程中置身于多么可怕的环境，也没法子解释家人们看着艾米伤透了我的心会多么难受。但我们的选择是，带着我们能够付出的全部爱和支持一起渡过难关，正是这样才让艾米有可能在这个世界上找到一块小小的立足之地，得到一点点幸福。"

帮助其他抚养边缘性人格障碍儿童的父母

由于自己的经历，莎伦建立起一个在线的网络支持群组，为那些抚养边缘性人格子女（任何年龄段）的父母提供支持。这个群组叫作NUTS，代表着父母们需要（Needing）理解（Understanding）、柔情（Tenderness）和支持（Support），去帮助他们的边缘性人格障碍子女。（网址为：www.parent2parentbpd.org）

NUTS群组成员的子女，都像艾米那样表现出了明显的边缘性人格障碍的特征。然而大部分父母耗费了很多年时间，却只能如儿戏般在各种诊断结果中"点兵点将"般地胡乱选择；看了一个又一个专家医生，得到了一种又一种不同的诊断结果。

儿童真的能患上边缘性人格障碍吗

问题的症结在于一个有争议的论点：儿童真的能患上边缘性人格障碍吗？对这一点持否定态度的临床医生认为，个体的性格在儿童时期是会有波动的，一直到青春期晚期才会成形。他们指出，边缘性人格障碍的部分定义是其行为具有普遍性、稳定性，不易改变。由于儿童的性格处于一个发展的过程当中，因此这些专家认为儿童不可能患上边缘性人格障碍。

另一些临床专家不认可这种说法，他们认为与人格发展有关的情感与行为问题，在人生的早期就会明显地表现出来，而且一般持续一两年时间才会去求医。他们认为，这恰好印证了"持续性"和"普遍性"。

为了解决这一争议，《精神疾病的诊断与统计手册》（2004年）为小于18岁的群体提供了新的诊断边缘性人格障碍的参考标准。手册中写明，只要儿童具有以下症状就可以诊断为边缘性人格障碍：

1.边缘性人格障碍特征已经持续了至少一年时间；

2.无论是从正常的发展历程、药物滥用的影响方面来看，还是从一些暂时性的健康状况（诸如抑郁、进食障碍等）方面来看，都无法更好地解释已经出现的相关行为。

许多专业人士仍然不愿意诊断儿童或者青少年为边缘性人格障碍，因为患上这种人格障碍的病人通常会被贴上标签，并可能会在心理健康系统中受到歧视。然而，美国边缘性人格障碍教育联盟建议，表现出边缘性人格障碍行为的儿童应该马上得到帮助。

想了解更多关于边缘性人格障碍儿童的信息，包括为孩子获取诊断和治疗计划的话，可以去看兰迪·克莱格的作品《边缘性人格障碍患者家庭实用指南》。

> 一个错误的诊断通常会妨碍孩子们得到适当的药物与治疗。

领养与边缘性人格障碍发病率

在NUTS群组中，大约有20%的成员的孩子是领养来的。在《迷失镜中：从内部视角看边缘性人格障碍患者》（1996年）里提到的精神病学专家理查德·莫斯科维茨在他自己的从业经历中注意到，在患有边缘性人格障碍的成年人和具有边缘性人格倾向的青少年中，有很大一部分是被领养的孩子。他认为这种现象可能是下面列出的几点原因造成的。记住，下面这些内容来自于莫斯科维茨医生的专业观点，而不是研究结果。

早期的分离与迷失

美国有些州的领养流程需要很长的时间，这是为了保护孩子亲生父母的权利。在等待期，婴儿可能会在寄养父母家中住上几周甚至几个月时间，直到最终完成领养流程。被迫与最早的照顾者分离的经历，可能会妨碍婴儿发展出最基本的信任的能力。

身份认同问题

不管是因为什么情况导致他们被领养，很多养子女在自己的一生中，总会有一些时候需要面对被抛弃的忧虑，这种忧虑反过来又会导致他们觉得自己是有缺陷的。尽管很多领养家庭都会尽全力让养子女感觉自己是独一无二的，深受父母珍爱的，但这种忧虑仍然可能会存在。

遗传因素

虽然很多情况都会导致孩子被领养，但最常见的一种是意外怀孕。莫斯科维茨说："我们认为，意外怀孕多半会在性格冲动和爱冒险的人群中发生。如果确实如此，被领养的孩子可能也会遗传到这种倾向，总体来讲，就是容易冲动。"（1996年）而冲动正是边缘性人格障碍重要的诊断标准之一。

气质不符

即便是那些在原生家庭长大的孩子，有时候也会感觉自己与父母的气质和价值观不太一致，而领养的孩子与养父母的家庭就可能会更不相符。这就容易导致孩子的行为得到的批评多过赞美，结果也许会令孩子失去自信和自尊。

非边缘性人格父母的经历

莎伦（非边缘性人格者，NUTS群组创建者）

大部分NUTS群组中的父母，都是在孩子上小学的时候发现他们某些地方有问题。边缘性人格障碍儿童无法与其他孩子和睦相处，惩罚似乎也无法减少问题行为。在艾米的案例中，学校的心理老师认为她只不过是被宠坏了，长大就会好了。

大部分NUTS群组中的家长就像我们一样，在经历了孩子对他人施暴或者自杀未遂等威胁到生命安全的事件之后，才会最终确定孩子患上了边缘性人格障碍。一位群组中的家长曾经遭到儿子的威胁，不得不把车钥匙放在枕头下面，反锁着自己卧室的门，和衣而睡。没有人能够这样过日子，我告诉家长们，如果他们无法控制虐待行为，就要立刻致电有关部门。你有权利拒绝受到虐待，即便施虐者是你的孩子。

父母的感受

如果你有一个患上边缘性人格障碍的孩子，那么你的感受就会起伏不定、变化无端。无条件的爱永在，但却总是要面对难以置信的挑战。看到你所爱的人遭受着那样的痛苦，你也会一次又一次地心碎。

破坏性的行为也许会令你真切地感受到对自己的孩子的恨意。在爱恨交织中，还夹杂着恐惧、困惑、怨恨、怀疑、幸福与内疚。

每一个父母都会怀疑，是不是自己做了什么事情才会导致孩子患上了边缘性人格障碍？或者是不是自己能够做点什么，防止边缘性人格障碍的发生？我们会为孩子的未来担忧，他们是不是永远都不能独立生活？我们是不是要用一生去帮助孩子过正常的生活？我们有多爱孩子，就有多期待有朝一日他们能够独立生活。

与你的配偶分担

与配偶分担你的感受非常重要。有一个边缘性人格障碍孩子可能会摧毁你的婚姻，但也可能会让你的婚姻更牢固。父母能够同心协力，彼此体谅，相互支持，去处理孩子的问题，这才是至关重要的。无论从哪种意义上来说，都不要让边缘性人格孩子"分裂"你们两个。就好像坐上了一辆前途漫漫的过山车，当你们两个人目标一致，患难与共时，才更容易坚持下去。

经济问题与家人的忧虑

金钱是个大问题。一些父母为了给孩子治疗几乎倾其所有。住院康复高达 1500 美元一天，每次去看心理咨询师或者精神科医生也要超过 50 美元。为了生病的孩子，家里其他孩子的需求都顾不上了。

如果全家人都能一直支持你们当然很好，但是精神疾病患者并不能得到充分的理解或接纳，有时候人们会拒绝承认家庭中的某个成员出现了精神问题。一些家庭成员不必非要认可诊断结果，但是如果你接受了诊断结果，他们应该尊重你的看法，尊重你接下来的行动。

除此之外，人们也许会相信一些对你不利的谣言。莎伦说："我的边缘性人格女儿常常会编造故事，试图让人们相信她是个妓女、瘾君子。而在这个社会里，只要孩子出现了问题，每个人都会谴责孩子的父母，尤其是母亲。我不断地告诉自己，我们知道真相，其他人怎么想都不会影响到我们的本质。"

尽你所能，不顾一切

尽管信息匮乏，边缘性人格孩子的父母仍然会尽自己最大的努力。一个常见的错误就是因为边缘性人格障碍而责怪孩子，或者期望孩子很快就能改变自己。边缘性人格障碍和生理疾病不一样，你从孩子的身体上看不出任何迹象表明他是一个人格障碍患者。重要的是，务必记住边缘性人格障碍也是有生理基础的（见附录A），如果孩子能够轻易地自行改变或者停止自己的痛苦的话，他们肯定也会马上就这么做的！

患有边缘性人格障碍孩子需要特别地关爱和照顾，需要我们无私地付出所有。但是如果我们给予的太多，就可能会误导孩子，让他们觉得自己没有父母就活不下去。我们像走钢索一样维持一种微妙的平衡，既要让孩子能够从错误中学到经验，又要在边缘性人格障碍超出孩子的极限时保护好他们。

对兄弟姐妹的影响

问题儿童的兄弟姐妹们,通常也渴望得到父母的关爱,但是只有当他们自己的行为也出现问题时,父母才能注意到他们无助的哭喊。父母们应该明白,一个孩子的侵犯行为可能会威胁到另一个孩子的安全。边缘性人格者无法划定自己的个人界限,所以他们通常也无法遵守其他人的界限。侵犯界限可能会很轻微,或者从最坏的后果来说,可能会扩大为对兄弟姐妹的身体虐待或者性虐待。你必须对此保持警惕。

> 我不断地告诉自己,我们知道真相,其他人怎么想不会影响到我们的本质。

NUTS群组创立者莎伦建议,尽量去找一位亲朋好友来帮忙,好让你能留出些时间给其他的孩子,关心他们的需求。对患儿的兄弟姐妹们要开诚布公,告诉他们有关边缘性人格障碍的问题,向他们解释患上这种心理障碍的孩子无法控制自己的行为。其他孩子也许不敢告诉你他们的负面感受,所以要向他们说清楚,愤怒甚至是憎恨都是正常的。确保你其他的孩子有

> 完全属于自己的安全场所，当局面失控时，他们能有一个藏身之处。

金姆是莎伦的另一个女儿，艾米的姐姐，她描述了与边缘性人格障碍妹妹一同成长的感受。

金姆（非边缘性人格者）

我对我的妹妹感到十分歉疚。有时候，我会希望她下一次自杀最好能成功，但冷静下来后，就会觉得格外内疚。有时候我发现即便是不生她的气，也很难爱她。她在社交方面特别地不合时宜，就像有一次我的朋友来家里吃晚餐，艾米居然会问她是不是处女。我很为未来的家庭担心。

虽然我还没有男朋友，但已经开始为我的婚礼而忧虑了。我知道，哪怕是我根本不乐意，也必须让艾米做伴娘。我很担心她会因为什么事情突然大发脾气，可能是礼服不合心意，可能是其他伴娘惹了她，或者别的事情刺激了她？我未来的丈夫会怎么看她？对我的孩子来说，她又会是个怎样的姨妈？我能放心临时让她帮我看孩子吗？我自己的孩子会患上这种可怕的人格障碍吗？

但现在，我还有更直接的担忧。我的妈妈打算周末到学校来参加我的家长会。她会不会每十五分钟就必须打电话回家看看艾米是否安好？艾米会不会突然大发脾气，毁掉家里的一切？我是不是一直都要去争夺妈妈的关注？

非边缘性人格父母的角色

NUTS群组的成员们已经发现,他们可以把自己的责任分成四个主要的部分:

1. 保证家庭成员的安全

2. 照顾好自己

3. 负责病儿的治疗

4. 创造一个有条理的、连贯的、充满爱意的环境,增强病儿的自我责任感

保证家庭成员的安全

平衡边缘性人格孩子和其他家庭成员的不同需求非常困难。但是每个家庭成员的安全是第一重要的。参考第8章中的内容,在需要的时候去寻求帮助。

照顾好自己

当你下一次坐飞机时,可以看看飞机上的安全手册。当机舱中

的氧气突然减少时,氧气面罩会落下来,安全手册会指导父母们先戴好自己的面罩,再去给孩子戴面罩。这就很有道理——自己都无法呼吸的父母给不了孩子什么帮助。

同样道理,你首先照顾好自己才是至关重要的。身心俱疲的父母,连一个健康的孩子都教养不好,更不必说去教养患上边缘性人格障碍的孩子了。

> 先把你自己当作一个人来看待,而不仅仅是孩子的父母。父母中的某一方,尤其是妈妈,通常会承担大部分照顾患儿的责任,但是我们强烈建议你或多或少地与另外一位家长分担这份工作,这样你才不会累得精疲力竭或者满腹怨言。

父母可以尝试着交换角色(例如,如果父母中的一位负责从情感上教养,而另外一位则负责处理生活起居,可以偶尔交换一下任务,让彼此有个机会喘息)。最重要的是,不要孤军奋战。莎伦说:"你也许会因此失去朋友。因为有些人可能无法面对你的孩子的行为问题,有些人可能会评判你或者责备你。试着找一些能够依靠的人,来证实你的情感。他们不需要去解决你的问题,他们只需要提供一双富有同情心的耳朵去倾听。"

负责病儿的治疗

多年以来,你的孩子也许看过很多不同的心理医生,得到过多种诊断结果,也进过很多旨在稳定他/她病情的机构。现在,把你自己当作一个首席执行官,全权负责照料孩子、指导专业护理人员、管理预算,并在符合各方利益的情况下做出最好的决定。不要指望别人可以为你做这些事情，因为没人愿意这样做。记住，你才是最关心孩子的人，是最终需要为他负责任的人。

详细记录

一个很重要的任务是把孩子的行为、情绪和与司法、心理健康系统的接触过程记录下来。简单记下孩子所用的药物、剂量和就诊预约；记录你与校方、医生和其他相关人士的会谈。这种记录可以帮助临床医生做出诊断，而且假如你需要与司法相关的合法文件时，它可能会是至关重要的。这份记录不需要详细记录，几个概括性的词语就够了。看看下面的例子。

日期	地点	情况记录
2009-11-02	诊所	与史密斯医生见面。将百忧解（Prozac）剂量改为40mg
2009-11-05	学校	去见琼斯女士（数学老师），她说玛丽有六次没写作业，迟到三次，有时候"话太多"
2009-11-15	诊所	今天是家庭治疗。主题是"期望"
2009-12-04	诊所	与史密斯医生见面。药物剂量没有变化
2009-12-05	家里	今晚大爆发。玛丽威胁说要自杀，但是一小时后冷静下来。她比规定的时间晚了两小时回家，还说我们不"信任"她了
2009-12-06	警察局	玛丽由于未成年人饮酒被带走。她和两个今晚才认识的大男孩在一起
2009-12-07	家里	我们在玛丽的左手腕上发现割痕。她流了一点血。玛丽今晚哭了很久，说她觉得"很糟"
2009-12-09	诊所	约好的咨询。玛丽后来非常安静

与医护工作者合作

一些家长对心理健康专业人士感到畏惧。记住，他们是要为你服务的。你要尊重他们的工作和专业性，但是不要认为他们的看法永远都是最好的。带着开放的心态听取临床医生的意见，即便他说的东西可能是你不想听的或者好像是在指责你。但是，要注意你内心的声音，当你感觉到有必要的时候，要坚持自己的意见。最终决定权一直都在你手里。

> 如果临床医生错误地认为边缘性人格障碍一定是虐待导致的，或者即便缺乏证据，他/她依然直接或者间接地指责你虐待孩子的话，你可以考虑换一位医生。

应对相关机构

NUTS群组里有很多家长发现，面对医疗保险公司、学校、司法机构和其他机构，可能会和应对孩子的边缘性人格障碍行为一样充满挑战。NUTS中的一位家长盖尔说："竭尽全力保证孩子不会被疏忽。这可能意味着你需要打电话或者亲自拜访；这还意味着你要告诉相关领导，当他们说'不'时，你是绝对不会接受这种回答的。为孩子争取权益时，你会发现自己拥有前所未有的发自内心的力量。"

> "为孩子争取权益时，你会发现自己拥有前所未有的发自内心的力量。"

创造适宜的环境

患上边缘性人格障碍的儿童和青少年需要条理性和连贯性,就像是道路需要交通灯和停车标志一样。没有这些东西,他们就会被彻底的混乱所支配,极有可能导致他们遭受身心创伤。

日常生活

条理性指的是始终如一的日常生活。NUTS 中的父母们发现,如果给孩子制定一份严格而细致的日程表,明确告诉他们应该什么时候起床、什么时候去上学、放学之后要做什么、什么时候吃饭等等,他们就能够表现得相当完美。莎伦甚至为她的女儿特别制定了早上的流程,提醒她记得刷牙、换衣服。"一旦有意想不到的事情发生,哪怕像是生日聚会惊喜这样的好事,艾米就不知道该怎么想或者怎么做了。"莎伦说,"这往往会导致她发火。我们发现,无论何时艾米都需要详细地知道,别人希望她做什么,她能够指望别人做什么。"

后果

想要创造出这种条理性,你还要尽量帮孩子理解,如果他们不能承担自己的责任会有什么后果。尽可能说得详细清楚。例如,你可以告诉孩子:"如果你上学迟到了,校方就会记录下来你迟到。如果你无故迟到三次,就会留校察看。如果你被留校察看两次,我们就不得不把你转到寄宿学校这种地方去了。"

有一点是极其重要的,就是在一个适合孩子年龄的水平上,让他/她学会从自己的错误中汲取经验。如果你不断帮孩子的行为收拾善后,孩子就永远都不会学着在没有你的情况下更进一步。也许看着孩子承受冲动行为带来的后果会令你很难受,但从长远来看,如果孩子永远都学不会控制自己,他/她将来就会吃更多的苦。

> 如果你不断帮孩子的行为收拾善后,孩子就永远都不会学着在没有你的情况下更进一步。

连贯性

连贯性意味着每一次都要让孩子为自己的行为负责。有时候所有的父母都不得不抗拒自己想要帮孩子解决问题的强烈欲望。但是如果你的孩子是边缘性人格者,前后矛盾,不守规则,也许是彻头彻尾的灾难。

为孩子获取诊断

区分典型的青少年过火行为与疑似边缘性人格障碍的行为,是非常困难的。为了做出判断,要从行为原因上去考虑。具有边缘性人格障碍的青少年的过度行为通常有吸毒,以愤怒应对极度的痛苦、空虚、自我厌恶以及被抛弃的恐惧。

根据《边缘性人格障碍患者家庭实用指南》,综合性的精神疾病评估对于可能患上边缘性人格障碍的儿童而言是强制性的。精神病医生会提交一份诊断报告,用作治疗计划的基础。评估包括以下几个方面:

- ☐ 对于儿童当前的问题与症状的描述
- ☐ 关于健康、疾病和治疗的信息
- ☐ 父母家人的健康状况与精神病史
- ☐ 关于儿童的成长、学校表现、朋友和家庭关系的信息

第10章 等待另一只靴子落地：你的边缘性人格子女

> □ 如果有必要，进行验血、X光透视之类的实验室检查，或者其他特殊评估（例如：心理、教育和语言文字表达能力等评估）

布兰农（非边缘性人格者）

我希望我的儿子迈克尔能够开心。所以假如他被惩罚一个星期的话，到第三天我就会假装"忘记"他的惩罚。但是迈克尔很快就学会不把任何惩罚当真，如果我罚他禁足，他就会扬长而去。等到了青少年期，迈克尔开始接触毒品，开始逃学，开始用暴力威胁他人。我把他送进了一家教养院，反而给了他更多的自由，他继续吸毒。最后，迈克尔被送进了一家更严格的教养院，孩子必须行为良好才能得到特权奖励。在那里，他似乎终于学会了为自己的行为负责。

> 患上边缘性人格障碍的孩子需要和其他孩子一样多的爱和关注。"爱你的孩子，关键在于记住他们的行为是由边缘性人格障碍导致的。爱你的孩子，恨人格障碍。"

患上边缘性人格障碍的孩子需要和其他孩子一样多的爱和关注。莎伦说："爱你的孩子，关键在于记住他们的行为是由边缘性人格障碍导致的。爱你的孩子，恨人格障碍。有一个患上边缘性人格障碍的孩子是很艰难的，但是同样也会有美好的时光。当你的孩子学会应对疾病带来的某种问题时，尤其值得庆祝。当孩子终于有了极为重要的进步，明白并接受父母的爱时，那一刻是如此令人激动，如此美好，如此珍贵。"

想要了解更多关于如何教养患上边缘性人格障碍的孩子的信息，可以参考《父母的期望：帮助边缘性人格子女无须牺牲家庭或自我》(2000年)，作者温克勒和兰迪·克莱格，在附录C的列表中，本书和其他有价值的参考资源收录在一起。

你还可以访问美国边缘性人格障碍教育联盟网站（www.neabpd.org），获取更多关于家庭关系项目的信息。

第 11 章

谎言,谣言与谴责:歪曲事实的行为

地狱之火都抵不过边缘性人格者的怒火。

——来自"欢迎来到奥兹国"网站家庭成员支持群组

第11章 谎言，谣言与谴责：歪曲事实的行为

一些非边缘性人格者告诉我们，身边的边缘性人格者曾经诬告他们骚扰和虐待，成为伤人的流言蜚语的话题，甚至还曾被边缘性人格者以莫须有的罪名告上法庭。这些行为，我们称之为"歪曲事实的行为"。

杰里（非边缘性人格者）

我和妻子正在打离婚官司，她申请了一道保护令，把我赶出了自己的家。她把我和女儿们隔绝开来，并且告诉所有的邻居，我是个暴力分子，所以邻居们甚至都不想多看我一眼。她有计划地找到我所有的社交圈与工作圈的朋友，企图让他们都与我对立起来。她告诉我的老板，我是个废人，我还让她得了性病！她告诉她的律师，我在十年前强暴了她，说我在她不想要的时候和她发生了关系，但她当时根本没告诉我她不想要！我有好几个月没看到这个女人了，也没打电话给她，而我每个月还要给她3500美元赡养费。我想着这种种不公，夜不能寐。一想到下个礼拜出庭，不知道她又会当庭说些什么，我就胆战心惊。

还有其他关于歪曲事实的行为的案例：

- 瓦莱丽的边缘性人格母亲汉娜告诉亲人们，瓦莱丽偷了她的钱，还有几次对她拳脚相向。结果亲人们都拒绝和瓦莱丽说话。汉娜是在瓦莱丽说圣诞节不打算去看她之后才这

么做的。

- 朱迪与边缘性人格朋友伊丽莎白绝交后遭到了对方的骚扰。伊丽莎白以朱迪的名义给自己写了恐吓信，随后又打电话给朱迪，并在电话答录机上留言，请求朱迪"不要再恐吓她"。这件事最后上了法庭，伊丽莎白在律师的追问中崩溃，坚持说是朱迪"迫使"她给自己写恐吓信的。

- 玛吉的儿子里克和一名边缘性人格女子洁瑞订了婚。洁瑞开始对里克说，他母亲在没有外人的时候，对自己说了很多里克的坏话。尽管这些话纯粹都是洁瑞捏造的，里克仍然觉得左右为难，不知道该相信他的母亲还是他的未婚妻。

> 很多歪曲事实的行为似乎都是围绕着或真实或臆想的抛弃、失去和拒绝进行的，对于边缘性人格障碍患者来说，这些都是他们最害怕的问题。

不是所有的边缘性人格者都会歪曲事实，很多边缘性人格者从来不会这样做。我们不是要否定边缘性人格障碍患者曾经受到的伤害，我们只不过是想要确认那些非边缘性人格者是被诬告的。而且所有人，无论有没有精神障碍，都是会说谎的。

歪曲事实的行为的动机

一些理论解释了边缘性人格障碍患者做出歪曲事实的行为的动机。

抛弃与愤怒

我们曾经解释过，边缘性人格障碍不会导致从本质上异常的行为，只会导致出现在行为曲线上最为极端的行为。或者就像一个边缘性人格者说的那样："边缘性人格者和一般人差不多，只不过更极端一些罢了。"

当一段亲密关系结束或者面对危机时，我们都会觉得很失落，觉得自己被抛弃了。当对方决定离开而我们希望这段亲密关系能继续下去的时候，这种情绪尤为强烈。很多歪曲事实的行为似乎都是围绕着或真实或臆想的抛弃、失去和拒绝进行的，对于边缘性人格障碍患者来说，这些都是他们最害怕的问题。

杰里的离婚案就是一个典型的例子。无独有偶，因为女儿圣诞节不打算回家了，所以汉娜感觉被拒绝了。因为朱迪结束了她们之间的友情，伊丽莎白可能觉得被羞辱了。但是有时候失落感并不那么明显，比如说洁瑞，她也许觉得未婚夫里克和他妈妈之间的亲密关系威胁到了自己与里克之间的亲密关系，哪怕里克对母亲和未婚妻都同样地关爱。

约翰斯顿和罗斯比在《以孩子的名义》(1997年)中，解释了痛苦如何表现为愤怒：

> 无论是失去了爱人、完整的家庭、珍视的希望与梦想，还是失去自己的孩子，都会引发强烈的焦虑、悲伤和害怕被抛弃、害怕孤独的感受。一些人很难接受这些感受。作为替代，他们会用愤怒来掩盖自己的痛苦，用无休止的争端去干扰他人，从而试图阻止这种不可避免的分离。冲突和争吵是维持联系的方式（尽管是很消极的方式）。甚至在整个冲突的过程中，这些人都会怀有和解的幻想。过去有过"失去"（比如父母去世或者离婚等）的痛苦经历的人，也可能会对先前尚未抚平的精神创伤做出反应。

身份与对抗

一位女性与丈夫离婚，她就失去了作为妻子的身份；一位女性的孩子长大成人，她可能也会觉得自己失去了母亲的身份。面对真实或者臆想中的"失去"，边缘性人格障碍患者可能会感觉：

- ☐ 空虚
- ☐ 无关紧要
- ☐ 无助
- ☐ 活不下去

约翰斯顿和罗斯比认为，这可能会令人虚张声势，一意孤行，拒绝妥协以免部分地失去自我。（他们称之为："我斗争，我存在。"）也有人可能会变得过度依赖他人、过度缠人，或者会在攻击他人和依赖他人之间摇摆不定。那些将自己视为受害者的边缘性人格者因此也会觉得，歪曲事实的行为能够帮助他们得到一种身份认同感。

羞耻与责备

离婚、亲密关系出现问题还会引发被抛弃感，进而又会引发心理缺陷感、失败感、羞愧感和耻辱感。如你所知，边缘性人格障碍患者通常会觉得满心羞耻，极度自卑。因此他们可能会尽量用极度有能力的面具去掩盖这种感受。约翰斯顿和罗斯比说，这种夸大的失败感可能会导致患者通过证明其他人才是真正无能或者不负责任，从而设法推卸自己的一切责任。

> 那些将自己视为受害者的边缘性人格者因此也会觉得，歪曲事实的行为能够帮助他们得到一种身份认同感。

作者写道："这些人脆弱的自尊依赖于将所有失败感都拒之门外。所以他们呈现出的自我伴随着一种自以为是、趾高气扬、愤愤不平的样子，指责前配偶心理上和道德上的卑劣。"（约翰斯顿和罗斯比，1997年）

心理脆弱的边缘性人格者也许会将配偶的抛弃看作一种毁灭性的全面攻击，他/她可能会产生被背叛、被利用、被迫害的偏执念头。约翰斯顿和罗斯比写道："当配偶收拾他们婚姻的废墟时，患者却会开始改写历史，认为对方早有预谋，处心积虑，从一开始打算利用过后再抛弃他们。"（1997年）

约翰斯顿和罗斯比还说，在那个时候，"被背叛"的配偶可能会给予极具攻击性的反击，这种反击将会成为他们生活中最重要的执念。这位配偶及其同盟会显得危险而有攻击性。他们会觉得自己被辜负了，所以寻仇报复完全是师出有名。或者，他们迫不及待地想要先发制人。他们的座右铭就是"先下手为强"。

第 11 章 谎言，谣言与谴责：歪曲事实的行为

判断你的风险

在分析了很多歪曲事实的行为之后，我们注意到几个相似之处：

☐ 进行歪曲事实的行为的边缘性人格者，通常会宣称自己以前曾被他人欺骗。有时候，甚至会描述他们向那些曾经欺骗自己的人进行报复的经过。

☐ 在特定的情况下，边缘性人格者通常能够表现得冷静、条理分明、能言善辩。然而，在情绪压力之下或者单独与非边缘性人格者相处时，他们就会表现得脱离实际或者满脑子都是被害妄想。

☐ 受到歪曲事实活动侵害的非边缘性人格者，一般会把自己看作是保护者和照顾者。因此，他们很难注意保护自己的最大利益。很多人会忽视危险信号，无视来自朋友的忠告，否认眼前发生的事实，拒绝采取防范措施保护自己。

"被背叛"的配偶可能会给予极具攻击性的反击，这种反击将会成为他们生活中最重要的执念。

大部分人都很难接受所爱的人会做出伤害自己的事情。如果你没有保护自己，是因为你还爱着身边的边缘性人格者或者还念着你们过去共度的美好时光，你有必要明白，边缘性人格者的感受也许和你并不一样。分裂机制会让边缘性人格者想不起自己和你在一起时的幸福感受，或者无法把你看作一个有好有坏的整体。因此，边缘性人格者会把你看作一个邪恶的魔头，理应得到惩罚。你越早认识到这一点，就越有机会从一场歪曲事实的行为中解脱，保护你的尊严和权利不致受到损害。

大部分对于歪曲事实的行为的抱怨，都来自那些最近刚刚向边缘性人格配偶提出离婚或者与边缘性人格恋人提出分手的男女。其次是边缘性人格者的父母，再次是边缘性人格者的子女。

对抗歪曲事实的行为

首先，一条重要的免责声明是：每个人的情况都各不相同，每个边缘性人格障碍患者也独一无二。对一个人来说正确的方法，可能对另一个人来说是大错特错的，哪怕他们的情况看起来很相似。下面的建议也许能有所帮助。

> 在你采取行动之前，请先与一位了解你特殊情况的有资质的心理健康专家商量一下。如果你的问题涉及法律，有可能的话，最好再与一位资深律师讨论一下你的情况。

其次，要知道，边缘性人格障碍是一种精神障碍。患上这种精神障碍的人应该得到体贴、尊重和礼貌地对待。保护你自己，但是不要出于泄愤或者报复的目的去伤害对方。例如，在提出离婚之前就把你的衣物和个人财产从家里拿走，是比较谨慎的做法。但是，雇佣搬家公司把属于你们两个人的共有财产都搬走一半就有点过分了。实际上，可想而知，这就必然会招致对方的敌意。

减少你的弱点

应对歪曲事实的行为的最好方法是防患于未然。如果你做不到这一点，就积极主动，尽可能地从法律上、经济上和情感上保护自己。

一些歪曲事实的行为的发生，似乎并没有明显的原因。而另一些看上去则是被边缘性人格者认定为有敌意的行为所触发的。你可以按照下面的步骤开始自省：

- ☐ 回想一下所有你做过的与边缘性人格者有关的重要行动，包括设置界限、提出离婚等等。预期一下边缘性人格者可能会做出什么样的反应。

- ☐ 考虑一下：你最大的弱点是什么，你能够提前采取什么措施来应对边缘性人格者可能采取的行动？抱最好的期望，做最坏的打算。非边缘性人格者们发现，一般来说人们最关心的内容包括金钱、孩子、财产、工作、名声和友谊。

- ☐ 在你采取任何可能会触怒边缘性人格者的行动之前，最好先做个计划，然后再付诸行动。

> 积极主动，尽可能地从法律上、经济上和情感上保护自己。

看看莉迪亚和艾丽西亚的例子。莉迪亚想要告诉她的边缘性人格女儿艾丽西亚，下个周末，艾丽西亚不可以从教养院回家过周末。因为在艾丽西亚上次回家时，曾经威胁莉迪亚，如果妈妈不让她和她的瘾君子男朋友一起过夜的话，她就要烧掉房子。

通过过去的经历，莉迪亚明白，在艾丽西亚得知这个消息之后，就会马上去找她的辅导老师、祖父母和其他任何愿意听她说话并且可能相信她的人，然后告诉大家，莉迪亚恨自己（一直都恨），因此她是没有做错事的，莉迪亚才是那个做错事的人。

所以在告诉艾丽西亚不能回家这件事之前，莉迪亚会把自己做出这种选择的理由告诉所有可能会被涉及的人。这样等到艾丽西亚和他们诉苦的时候，他们就已经知道真相了。

不做回应

有时候无论你做出什么样的回应，都只会助长边缘性人格者的恶行。这是因为一切都是对方想要将你束缚在你们的亲密关系中的缘故。任何回应，尤其是情绪化的回应，都会招致这种行为。

彻底地想清楚对方行为的短期和长期后果。如果后果无关紧要或者只是让你尴尬的话，又或者你觉得边缘性人格者只是想要刺激你和他们多接触的话，那么最好的方法就是置之不理。

开诚布公地回应

当卢克打算与艾莉森分手时，她一时自杀，一时愤怒，一天之内会往卢克的公司打很多个电话，要么大声咆哮，要么苦苦哀求。卢克不得已换了自己的办公电话号码。为了报复，艾莉森又打电话给卢克的老板大卫，告诉老板，卢克经常在工作时间吸毒。"卢克是个瘾君子，"她坚持说，"不要相信他。"

自然，大卫找来卢克，询问他艾莉森的话是否属实。事实是，几年前卢克确实曾经在工作时吸过可卡因，那是一个临时工给他的。但这种情况就发生了一次,除了那一次之外,卢克绝对是个负责任的员工,在工作期间不会接触任何毒品。

卢克承认了他曾经做过的事,但强调那只发生过一次。卢克还在尽量不透露艾莉森隐私的前提下,向老板解释了他打算离婚的事情。幸运的是,大卫表示理解,没有因为他曾经违反了公司的毒品管理条例而解雇他。

边缘性人格者可能会对家人、朋友和熟人讲一些与你有关的子虚乌有的事情。在你决定做出回应之前,问问自己你希望达到什么目的。你想要澄清自己的清白?或者阻止切实的危机,比如失去对你来说非常重要的朋友?

> 当边缘性人格者行为造成的后果相对较轻时,最好的反应方式就是直接揭穿谎言。

当边缘性人格者行为造成的后果相对较轻时,最好的反应方式就是直接揭穿谎言。比如,如果你身边的边缘性人格者告诉邻居,你的新婚妻子是一个泼妇,最好的做法就是让邻居们认识你的新婚妻子,让邻居们自己做出判断。然而,如果边缘性人格者告诉邻居们,你曾经因为殴打她而被逮捕的话,他们的看法可能就会对你产生很大的影响了,你最好直接把真相说出来。

当你和其他人澄清诬告的真相时,要记住下面的几点建议:

☐ 无论你多么心烦意乱,都要表现得冷静、沉着、有自控能力。

☐ 在解释事实之前,先确认其他人是否关心这个问题。你要对别人表明，如果谣言成真，对你来说是非常严重的问题。

- 不要毁谤边缘性人格者，哪怕你觉得对方是咎由自取。相反，你应该真诚地表现出对边缘性人格者的关心，或者承认你也觉得十分困惑，不知道为什么边缘性人格者会这么说。在讨论边缘性人格障碍或其他任何心理问题时都要格外谨慎，因为别人可能会误以为你是在试图污蔑边缘性人格者。

- 要明白，你不能控制别人对你有什么想法。只把你需要说的东西说出来，其他的就随他去吧。

本杰明（非边缘性人格者）

一位邻居误以为我曾经对前妻施加暴力，所以我这样对他说："我应该说明一些事情。这也许会让你觉得有点不舒服，我明白，因为这也会让我感觉不太好。但这很重要，所以我愿意冒一下险。我听说我的前妻卡茜迪告诉你，我曾经因为殴打她而被逮捕。有人告诉我，她曾经割伤了自己的胳膊，然后把伤痕给别人看，说是我弄伤她的。如果你觉得很可怕，而且不想和我说话，我也不会怪你。如果我认识的人这么做，我也很可能会躲开他们。但这并不是事实。我们的离婚过程很费劲，这才是事实。但是我从来没有做过这种极端的行为。我非常担心卡茜迪，不知道她为什么会对大家说这样的话，为什么会给大家看她的伤痕。

如果你觉得困惑，不知道到底什么才是真相的话，我也能够理解。但是我们已经认识很久了，我确实想要跟你讲清楚。谢谢你能听我说完。"

准备好面对边缘性人格子女的诬告

越来越多的孩子诬告父母虐待他们。孩子这样做的理由包括：自以为受到虐待而进行报复，自以为受到"不公正"的对待而进行报复，试图离间父母，破坏他们对彼此的忠诚。

应对诬告

你也许会担心，愤怒的孩子打电话报警或者打电话给当地儿童保护机构，可能会对一个家庭造成毁灭性的结果。常规调查一般会持续一个月以上才能完成，在调查期间，法院通常会勒令被告的家长不得接近孩子，临时住在其他地方。孩子们得和另外一位家长一起生活，而这位家长则会面对左右为难的局面，不知道该怎么做才能既支持孩子又能忠于配偶或伴侣。这个家庭的亲朋好友，乃至雇主也可能会被同样的问题困扰，觉得自己既要表现出对孩子的支持，又要表现出对被控告的家长的信任。

> 防御和不合作态度会对你的案子产生不好的影响。

我们采访了查尔斯·贾米森律师，他建议被孩子诬告虐待的家长按照下面几点去做：

☐ 对孩子的诊断结果或者边缘性人格障碍行为进行详细的记录。例如校方的信件、医疗记录、法院文件和以前类似的无法证实的指控报告。这些都能加强你的可信度。

☐ 写日记记录你的日常的活动，包括你去了哪里、和谁在一起、做了什么事。如果孩子在某些臆想事件发生几周或者几个月后才对你提出诬告的话，这份日记能够为你提供不在场证明。

- 问问你其他的孩子是不是愿意向当局证明你的清白。

- 如果有必要的话，保证在你和孩子相处时有第三方在场。

- 严肃对待所有的指控。它们也许很快就会像滚雪球一样一发不可收拾。如果需要的话，雇佣一位专门处理诬告案件的律师。

调节你的心情

从情感的角度出发，记住下列相关内容能够帮助你更好地处理诬告问题。一般，诬告会以虐待和疏忽儿童为主。因此，你所在地区的社会服务部门或者儿童保护机构会进行跟踪调查。虽然在调查中你也许会遭到非难，但要记住，调查仅仅是寻找真相的过程，只有证据确凿才能对你提出控告。

记住，防御和不合作态度会对你的案子产生不好的影响。不要带着个人情绪去回答问题；要不断地告诉自己，为了找出真相，这个过程是必不可少的。在一些案例中，父母们会在调查期间同孩子们分开，要让非边缘性人格的孩子知道，这种分开是暂时的。在调查期间他们还需要回答一些问题，告诉孩子你有多爱他们，同时告诉他们要诚实地回答法院提出的问题。

最后，提醒你自己，边缘性人格障碍是一种精神疾病。对你的边缘性人格孩子生气是正常的；然而要记住，应该责怪的是这种疾病，而不是你的孩子本身。

> 真相总会大白，谎言也终将被拆穿。

如果边缘性人格者想要通过歪曲事实的行为去伤害你，你也许会误以为对方是你的敌人。实际上，你真正的敌人是：

- ☐ 否认：什么都不做，等着问题自己过去

- ☐ 痴心妄想：什么都不做，因为你相信会有奇迹发生，边缘性人格者会发自内心地改变自己

- ☐ 情绪化：做出情绪化的反应，而不是保持冷静，用符合逻辑的方式考虑你的问题

- ☐ 牺牲：什么都不做，因为你不忍心伤害边缘性人格者的感情，你认为对方的感受比你自己的感受更重要

- ☐ 孤立：试图自己去解决问题，而不去寻求帮助

- ☐ 司法拖延：迟迟不去聘请一位合适的律师，直到你丧失法律权利，处境危急

大部分非边缘性人格者发现，如果他们尽快做出合理的回应，并在需要的时候获得适当的法律援助的话，歪曲事实的行为就会败露。真相总会大白，谎言也终将被拆穿。只要行动得当，你就能够尽早还自己清白。

第 12 章

近况如何？
对你们的亲密关系做出诊断

关爱边缘性人格障碍患者的人，通常都会处于极大的痛苦中。维持这样的亲密关系，看起来似乎令人难以忍受，但是离开就更加无法想象，或者绝无可能。如果你有这样的感觉，那你不是一个人。我们采访过的非边缘性人格者中，几乎人人都有这种感受。但你确实有权选择，哪怕现在还看不到这种权利。本章将会帮你彻底想清楚你都有哪些选择，并且做出自我感觉最好的决断。

可预见的发展阶段

关爱边缘性人格障碍患者的人们,似乎都会经历类似的阶段。他们的亲密关系持续时间越长,每一个阶段经历的时间似乎也就越长。尽管人们通常都会按照一种比较固定的次序经历这些阶段,但很多人还是会在不同的阶段之间反反复复。

困惑阶段

这个阶段通常会发生在患者被确诊为边缘性人格障碍之前。非边缘性人格者努力想要知道,为什么自己关爱的人有时候行为举止显得那么不着边际。他们去尝试各种毫无用处的应对方法,责怪自己或者放任自己活在混乱之中。即便是知道对方患上边缘性人格障碍,非边缘性人格者也要用数周或者数月时间才能真正从理智上明白,这种复杂的人格障碍是如何对患者产生影响的。而要从情感层面上去接受这一切,甚至还需要花更长的时间。

> 你确实有权选择,哪怕现在还看不到这种权利。

对外倾向阶段

在这个阶段，非边缘性人格者：

- ☐ 把自己的注意力转到边缘性人格障碍患者身上
- ☐ 强烈要求边缘性人格者去寻求专业的帮助，企图令对方改变
- ☐ 尽自己最大的努力不要去触发对方的问题行为
- ☐ 了解一切关于边缘性人格障碍的知识，试图去理解对方，并与之共情

非边缘性人格者要用很长的时间才能承认自己的愤怒和悲伤，尤其是当边缘性人格者是他们的父母或者孩子的时候。愤怒是一种极为常见的反应，尽管大部分非边缘性人格者在理智层面都知道，患上这种疾病并不是患者的错。

然而，对边缘性人格者无法控制的局面发火，似乎是一种不太适当的反应，所以非边缘性人格者通常都会压抑自己的愤怒，转而产生抑郁、绝望和内疚的情绪。

在这个阶段，非边缘性人格者的主要任务包括：

- ☐ 承认并处理自己的情绪
- ☐ 让边缘性人格者对自己的行为负责
- ☐ 不要幻想边缘性人格者会按照他人的期待行动

自我倾向阶段

非边缘性人格者们终于开始内省，坦诚地评价自己。一段亲密

关系中涉及两个人，在这个阶段，非边缘性人格者的目标是更好地看清楚，两人的亲密关系走到现在这个地步，自己在其中扮演了什么角色。这一阶段的目标不是自责，而是反省自己、认清自己。

> 按照自己的价值观行事，而不要跟随别人的脚步。

决策阶段

了解了边缘性人格者、认清了自己之后，非边缘性人格者又开始纠结该怎样面对这段亲密关系。这个阶段可能会经历数月或者数年时间。非边缘性人格者在这个阶段需要清楚地了解自己的价值观、信念、期望和设想。例如，一位男性的妻子是有暴力倾向的边缘性人格者，这位男性来自一个坚决反对离婚的保守家庭。朋友们劝他与妻子离婚，但是他觉得自己不可能这么做，因为他担心他的家庭会如何反应。

你会发现，你的信念和价值观贯穿了你的一生。你也会发现，你的信念和价值观来自于你的家庭传承，但却不确定它们是否真实地反应出你的本质。不管怎样，重要的是你要按照自己的价值观行事，而不要跟随别人的脚步。

实施阶段

在这个最后的阶段，非边缘性人格者做出了自己的选择，并接受了选择的结果。根据亲密关系的类型不同，一些非边缘性人格者可能会随着时间的流逝，数次改变自己的想法，尝试不同的替代选择。

在黑与白之外

人们很容易被边缘性人格者非黑即白的思考方式影响,认为自己只有两种选择:留下或者离开。但其实还有很多别的选择,例如:

无论何时,只要边缘性人格者侵犯了你的界限,就暂时离开——

- ☐ 暂时(数天、数周或者数月)脱离这段亲密关系
- ☐ 学会无视边缘性人格者的行为
- ☐ 维持亲密关系,但是分开居住
- ☐ 降低一点亲密度
- ☐ 减少和边缘性人格者相处的时间
- ☐ 培养你自己的兴趣,结交朋友,从事有意义的活动,从而在生活中取得平衡
- ☐ 告诉边缘性人格者,只有他/她愿意配合医生的治疗或者做出明确的改变,你才会维持这段亲密关系;这意味着边

缘性人格者必须恪守他/她自己做出的承诺，也就是说，如果他们食言，你就会离开

☐ 暂缓做出决断，等你觉得心情轻松舒适的时候再做决定

☐ 暂缓做出决断，你可以先去和心理医生谈谈，解决自己的一些问题，再做决定

扪心自问

针对你和边缘性人格伴侣近期的亲密关系，问自己一些问题。大部分问题涉及你在亲密关系中应当得到满足的重要的需求。这些问题的答案可以为你提供一些参考，告诉你应该如何处理这段亲密关系。一般来说，得不到满足的需求和欲望越多，这段亲密关系中的相互关注和压力就越不平衡，这段亲密关系也就越不健康。

我想要从这段亲密关系中得到什么？我需要从这段亲密关系中得到什么？

- ☐ 和对方在一起时，我能够坦然地面对自己的感受吗？
- ☐ 维持这段亲密关系，是否会为我带来身体上的危险？
- ☐ 选择这段亲密关系会对孩子们产生怎样的影响？
- ☐ 这段亲密关系对我的自尊会产生什么影响？
- ☐ 我爱自己与爱对方一样多吗？
- ☐ 边缘性人格者只有在自己想要改变的时候才会改变，我能接受这个事实吗？我能等到这种改变发生吗？或者，如果对方永远不改变的话，我能够一直这么生活下去吗？

- ☐ 我需要考虑哪些实际问题，尤其是经济方面的？
- ☐ 我是否认为自己有幸福的权利？
- ☐ 我是否认为只有为了他人牺牲自己，我才有价值？
- ☐ 什么时候是我觉得最满足的时候：当我和对方在一起时？独处时？还是和其他人在一起时？
- ☐ 当我的家庭或者其他人因为我的决定而不满时，我是否有力量和勇气去反抗他们？
- ☐ 我是真正做出了自己的决定，还是做了其他人希望我做的决定？
- ☐ 我做出的决定是否涉及法律问题？
- ☐ 如果有个朋友面对着和我一样的局面，并且告诉了我一个相同的情感故事，我会给他什么样的建议？

涉及孩子的时候

一位非边缘性人格者说:"我不认为不幸福的两个人应该为了孩子的利益而勉强在一起。我觉得孩子和一位幸福快乐的家长生活在一起,应该会比和一位极为不幸的家长外加一个满脑子妄想的家长在一起生活要好得多。"

由于很多父母都担心离婚会对孩子产生不好的影响,朱迪丝·约翰斯顿家庭过渡中心的常务董事珍妮特·约翰斯顿博士(Janet R. Johnston, Ph.D.)在我们的采访中说,不断有研究发现,相对于维系父母之间糟糕的婚姻关系,让孩子直面冲突、言语和身体虐待,能够让孩子提前做好心理准备,更好地进行自我调节。

约翰斯顿表示,父母俱在且婚姻幸福、家庭完整的孩子表现最好;父母离婚但是没有受到双亲冲突影响的孩子表现次之;父母关系不睦但是没有离婚,长期面对无法调和的冲突和言语暴力的孩子表现排第三位;最糟糕的是,父母已经离婚但仍然冲突不断,夹在双亲中间左右为难的孩子。

可选择的亲密关系

我们发现，对于可选择的亲密关系来说，到目前为止，边缘性人格者是否愿意承认自己有问题并且寻求帮助，是双方还能不能在一起的决定性因素。

在我们会谈过的数百位受访者中，当边缘性人格者真心想要痊愈时，非边缘性人格者几乎都愿意全力支持，帮助他们渡过难关。但是如果边缘性人格者拒绝为两人之间的问题承担责任，无论非边缘性人格者如何努力挽救，这段关系还是会结束。

理查德（非边缘性人格者）

我继续和妻子在一起的原因，跟我当年爱上她的原因仍旧是一样的。她聪明、美丽、机智、热情，为人风趣。我们结婚时，我并不知道她患有边缘性人格障碍。实际上，直到她被确诊之前，我都不知道什么是边缘性人格障碍。

我很早就知道她有点不太对劲：有时候她会让我很沮丧，有时候则会让我很愤怒，有时候还会吓得我魂不守舍。然而无论如何，她仍然是我爱的那个人，只不过恰好患上了精神疾病而已。即便是在最糟糕的时候，我也从未考虑过离开她。我不会如此轻易地放弃一段亲密关系，尤其是一段充满美好回忆的亲密关系。她病得很严重，但我总是能看到她身上的过人之处。

经过四年的住院和治疗，我们的婚姻变得更加亲密。忠诚的回报是巨大的，她还是同样的热情、同样的美丽、同样的机智，她最初吸引我的一切都还美好如初。但是边缘性人格障碍带来的混乱和恐惧却已经消失无踪。

罗达（非边缘性人格者）

我和边缘性人格障碍男友已经分手很多次了。每当他明白自己做了什么，并为之道歉，告诉我他会改变这一切时，我就会回头。

对于我来说，他值得我这样做。他是一个善良、英俊、热情、大方的人。在我的生命中从来没有遇到过像他这样深爱我的人。他不可能破坏我的生活，因为他从不会对我设置界限，而我却可以对他设置界限。我觉得自己非常幸运，拥有一位"温和的"边缘性人格者，他不会随便发火，也没有暴力倾向，不会欺骗我，并且在真心真意地努力去改变自己的行为。

这种亲密关系非常适合我，因为我有时候强烈地需要隐私和独处。我总是会独处，享受没有他干扰的自在时光。

我明白风险所在。但我爱他，打算尽可能长久地享受和他在一起的生活。

玛丽（非边缘性人格者）

我和丈夫即将离婚，今天下午他意外到访。起初我们的谈话是从经济问题和其他相关问题开始的，但是随后就转变了话题。他说我没有给过他机会（20年的机会，显然他觉得还不够）。我猜他是忘记了曾经用那么明确的言辞威胁说要杀了我。就算我傻，我能就这样忘记死亡的威胁吗？我可以继续和他扭曲的逻辑、随时发作的健忘症和显而易见的控制欲一起生活。但是直截了当地说，这毫无意义，但他就是不明白。找到正确的方式和他交流是我的任务，设置界限是我的任务，理解他的疾病也是我的任务。那什么是他的任务？

当一个人必须承担所有的责任时，你得到的是一段什么样的亲密关系？当一个人必须理解所有问题、宽容所有的错误以及满足对方所有的需求时，你得到的又是一段什么样的亲密关系？

几个小时之后他又打电话给我，开始在电话的那头哀叹，他可能又要失去这份工作了。他还告诉我，他正在看着自己房间里的手枪。挂掉电话会牵动我每一根神经，但我还是挂了电话。我让他独自去面对自己令人同情的不幸。我甚至不知道自己居然还能这么干，但我确实这么干了。这种能力让我再度拥有了我自己的感受，真是太好了。

写下这些文字时，我正在看着8岁大的孩子把燕麦饼干全都塞进一只装饰用的鸟笼里，这是孩子的手工作业。我说这些又和前文有什么关系呢？因为孩子能够自由而安全地做他自己，不需要去面对他本可以信任的人随时爆发的愤怒和语言虐待；因为他的妈妈是自由而安全的，足够让他做个正常的8岁小孩。因为所有的非边缘性人格者都可以有这样的选择，我们不应该为不是我们导致的疾病而说抱歉。

在鸟笼里装满饼干，再把牛奶倒在上面，用手抓东西吃，弄得一片混乱，笑到肚子疼，有不顺心的事情的时候大哭大闹，浪费时间无所事事，说你想说的话，做你想做的事。哪怕只有一次，放下你的理智。

无法选择的亲密关系

无法选择的亲密关系，比如和边缘性人格的父母、未成年子女，或者未成年兄弟姐妹之间的亲密关系，有时候你的选择并不是走或者留，而是要不要设置并维持你的界限，不让边缘性人格者的问题压垮你的生活。但这不意味着你就会陷入到无助和绝望中，因为你虽然不能够结束这段亲密关系，或者"一刀两断"，但是你可以设置界限，限制你与对方的接触程度，以及确定你打算花费多少心力去维持这段亲密关系。

> 在无法选择的亲密关系中，你需要成为掌控全局的人。确定你的情感界限和身体界限。对于边缘性人格者令人困扰的行为，要采取始终如一的模式和反应，来强化你在亲密关系中对边缘性人格者设置的界限。作为一个成年人，当亲密关系为你造成太多痛苦，而对方又不愿意改变时，你就有权选择暂时或者长期离开。

第 12 章 近况如何？对你们的亲密关系做出诊断

西尔维娅（非边缘性人格者）

我非常非常爱我的边缘性人格儿子约翰。很多年以来，我的生死都取决于他的状况好坏。他又酗酒了？又和喜欢自我破坏的女人混在一起？把钱都花在他不需要的东西上？我不断地给他钱，当一个又一个室友把他赶出来时，给他提供住的地方。在他咆哮、破口大骂，为他一生中诸事不顺指责我和他的父亲时，我都能倾听。

当我的丈夫心脏病发作之后，情况发生了变化。保罗现在状态很好，但是有一段时间，我们不确定他是否能恢复健康。这场危机让我明白，我把全部心思都放在儿子身上，结果失去了自我，失去了丈夫，失去了我和女儿之间的亲密关系。

我必须从儿子造成的混乱中解脱出来。我设置了个人界限，不再无条件地帮助他，倾听他的长篇大论。约翰对我们的新界限感到很不开心，他有整整三年和我们毫不联系，这让我很痛苦。但是最后，约翰还是认为，在遵守界限的条件下和我们继续维持亲子关系比彻底断绝关系好得多。我们每个月去看望他一次，也会打电话。虽然还是有点不自在，但我能够接受这样的生活。

我又觉得自己像个正常人了，有目标、有梦想、有幸福。每个人都从界限中得到了好处，我认为连约翰都不例外。他终于明白，在没有我们的情况下他也能维持自己的生活。

我仍然希望能够和儿子维持一种更为亲密的关系，希望他能够更好地照顾自己，得到帮助。但是我也学会接受自己不能改变他的事实。我只能爱他，尽我所能地做一个最好的母亲，同时，也爱我自己，关心我的丈夫和女儿。

康复与希望

无论你做出了什么决定,都会涉及康复和希望:一段亲密关系结束时需要康复,对你关爱的边缘性人格障碍患者的痊愈抱有希望。

有一些"欢迎来到奥兹国"网站支持群组的成员几年前就结束了与边缘性人格者之间的亲密关系。但是他们仍然留在这里,向其他人提供支持,并且用自己的亲身经历告诉人们,与边缘性人格者有过一段亲密关系之后,生活确实会变得更美好。

玛丽莲(非边缘性人格者)

我和患上边缘性人格障碍的前夫离婚已经十年了,但我仍然要应对那段婚姻产生的副作用。我用了很多年时间去掩饰他与别人不一样的行为,结果只是在我身上留下疤疤。信任别人,对这个世界怀有希望……这些都是我身上被毁掉的东西。

然而,现在我的生活方方面面都好得不能更好!我是个开心而自信的人,那段经历让我更加看清自己,看清了许多过去我曾经回避或者不愿意承认的事情。现在,我用自己的力量去纠正那些负面的或者不健康的东西,过上了一种更加清爽的生活。

幸亏一切都没有变得更糟！很长一段时间我都愤愤不平，后来终于发现前夫并不是故意要让我的生活那么悲惨。在某种程度上说，无论他和谁结婚，这种事情都会发生。责怪他这个人是没有用的，怎么说都无法改变这种情况。离婚几个月之后，有一天我和父母一起吃晚餐。我父亲开始责骂前夫，我看着父亲说："你为什么要说这些话呢？为什么你这么恨他？你知不知道，他对自己造成的伤害远远超过对我造成的伤害？"怨恨与愤怒会将一个人束缚在过往的情感之中。如果我还抓着这些负面情绪不放的话，就永远都不能重新开始生活，也无法再次得到幸福。

前夫对我说的最后一句话是："我从没幸福过，我的一生中从来没有过！"我永远都不会忘记流淌在他脸上的泪水，也永远都不会忘记他话语中的痛苦。他曾经感觉孤独，可能现在仍然如此；他害怕孤独一人，害怕被这个世界抛弃，这种恐惧仍然会让他不由自主地感到愤怒。我曾经幸福过，知道以后我还能得到幸福。然而，对于像他这样从不知幸福为何物的人来说，幸福和他有什么关系？我抛弃了他，他觉得生活中所有的人都抛弃了他。

有很长一段时间，我都觉得非常内疚。但是如果我想要继续活下去，就必须放下这一切。我帮不了这个人，我不能毁了自己。

最后，《带我逃离：我的边缘性人格障碍痊愈之路》（2004年）的作者蕾切尔·赖兰在"欢迎来到奥兹国"网站上发表了一篇文章，用以说明边缘性人格障碍确实是可以痊愈的。

蕾切尔（边缘性人格者）

有很长一段时间，我都会感觉自己越治疗越糟糕，我怀疑如果我永远都不知道自己的病情，永远都没有接受治疗，是不是会更好些。我的整个思考方式都被分解重建。而且，对于一个生来就在纠结自己到底是谁的人来说，在旧的思考方式已经解体，新的思考方式还没能重建之前，这段时间尤为令人恐惧。

在那段时间里，我似乎面对着一个虚无的黑洞，怀疑自己到底是不是真的有"自我"。幸运的是，在一位出色的精神科医生的帮助下，在丈夫和孩子们的支持下，我的边缘性人格障碍终于痊愈了。然而我也非常明白，在我身上发生的事情并不会在所有的边缘性人格障碍患者身上发生。一些边缘性人格者不愿意踏上这样的旅程，还有一些则完全做不到。因此我永远都不会期待每个与边缘性人格者关系密切的人都愿意维持他们的关系。在某些案例中，也许应该说在很多案例中，保护自己，过自己的生活是必要而明智的选择。不过有的时候，如果你脚踏实地付出努力，最终一定会拥有比梦想中还要美好、还要亲密的关系。

在这段旅途中，我学到意义最为深远的一课是：人们具有难以置信的追求真善美的能力，尽管这个世界充满了考验、痛苦和不公，但它确实是一个充满奇迹的地方。这世界充满了爱和善，也充满了同样多的恨与怨。这一切我都切身体验过，正因如此，我认为生活将是永不会重复、永不会雷同的。这令我们所有的痛苦和挣扎都得到了恰如其分的回报。

通过这本书，你已经明白了什么是边缘性人格障碍，为什么边缘性人格障碍患者会有某种行为，你在与边缘性人格者的互动中扮演了什么角色以及如何重新掌控你的生活。

但是，边缘性人格障碍行为纷繁复杂，学习理论知识只不过是最简单的一个部分。现在要拿出你的智慧，把学到的东西应用到实际生活中去。

你可以从以下几个方面着手，包括：

- [ ] 审视你一直以来持有的信仰与价值观
- [ ] 面对你逃避了很多年的问题
- [ ] 再次回顾你与边缘性人格者曾经定下的未说出口的"约定"：他们的需求和观点，永远都比你的需求和观点更重要，更"正确"

没有人能够毫不顾忌自己的心理健康，长时间地去遵守这种约定。

我们不能保证你会轻松达成目的，但可以保证这绝对值得尝试。在这个过程中，你会发现你自己真正的价值、你真正的自我，你会发现自己未曾知晓的已经拥有的力量。人生中几乎没有什么比这些东西更加重要。就像威廉·莎士比亚在四百年前曾经说过的那样：

尤其要紧的，你必须对你自己忠实；

正像有了白昼才有黑夜一样，

对自己忠实，才不会对别人欺诈。[1]

我们希望你从本书中学到的知识和方法能够在你接下来的旅途中有所帮助。

---

[1] 《哈姆雷特》，第一幕，第三场，第78—80行，朱生豪译

附录A：边缘性人格障碍的成因与治疗

本附录大部分内容摘自本书作者兰迪·克莱格的《边缘性人格障碍患者家庭实用指南》（2008年）。

边缘性人格障碍的风险因素

边缘性人格障碍并非单一成因。相反，会有多种风险因素导致边缘性人格障碍的产生，比如现在，个体患上边缘性人格障碍的概率比过去大大增加。风险因素主要分成两大类：生理因素与环境因素。对边缘性人格障碍存在易感性的人群，一旦处于有问题的环境，就有可能导致患上边缘性人格障碍。对于某些人来说，生理风险因素可能占主导地位；而对于另一些人来说，环境风险因素则可能有更大的作用。

生理因素

神经递质层面的问题，就像其他类型的神经系统先天畸形一样，能够导致诸如推理能力受损、冲动和情绪不稳定之类的问题。

大脑也可能受损。杏仁核控制我们情绪的强度和我们在强烈的情绪被激发之后恢复正常的能力。脑部扫描显示，边缘性人格障碍患者脑部的杏仁核比那些能够控制自己的被试者的杏仁核更加活跃。

医学博士罗伯特·弗里德尔表示，并不存在一个单独且特有的边缘性人格障碍基因。他说，看起来会增加罹患人格障碍的风险的基因，可能会被那些已经患上了边缘性人格障碍或者其他相关的心理疾病（比如躁郁症、抑郁症、物质滥用障碍和创伤后应激障碍）的人所传递。

弗里德尔说，最重要的是要明白，边缘性人格障碍是大脑中某些特定神经通路不稳定的结果，问题行为不是患者有意为之。研究能让我们更好地理解生理风险因素，并找到更有效的治疗方法。

环境因素

边缘性人格障碍是由儿童时期的受虐经历造成的，这种说法纯属子虚乌有。没错，很多患上边缘性人格障碍的人都遭受过言语暴力、抛弃、疏于照顾或者其他虐待，有的人还长年遭受虐待。但是我们并不能证实这种说法有多符合实际，因为缺乏相关研究。

研究只能反映出那些在心理健康系统之内的边缘性人格障碍患者和有自杀与自残倾向的患者的情况，但他们并不是整个边缘性人格障碍群体的真正随机样本，因为整个高功能边缘性人格障碍患者群体并未包含在内。

另外一个问题是，那些已知的虐待都是受虐者自己报告的，可能并不一定符合对于虐待的标准定义。

环境因素，比如语言暴力、疏于照顾、不同种类的童年创伤等，看起来确实会引发那些从遗传学角度上说的"易感人群"患上边缘性人格障碍。弗里德尔称之为"环境负荷"。除了虐待之外，环境负荷还包括：

- [ ] 无效的家庭教养，包括父母教养能力不足、父母患有精神疾病或者物质滥用
- [ ] 不安全且混乱的家庭状况
- [ ] 双亲与子女的个性冲突
- [ ] 突然失去看护者或者失去看护者的关心，甚至比较常见的情况是家庭中有一个新生儿，这些都会让孩子觉得自己被抛弃

治疗

有一个好消息是，一种新的治疗方式已经确认取得了成功（更多内容稍后发布）。但是如果你迫切地想要为关爱的人寻找治疗方法的话，首先要确定对方也是真心诚意为了自己去改变，而不仅是为了你或者其他人给他的最后通牒。

药物治疗

药物治疗有助于减少边缘性人格障碍患者的症状，诸如抑郁、情绪波动、解离、攻击性和冲动等。这种治疗非常复杂，因为大脑如何通过化学过程引发边缘性人格障碍症状的详细情况，是非常多样化的，每个病人都有所不同。医生用药物治疗边缘性人格障碍，必须接受专门的训练，还要仔细监控病人的状况。

一般的药物治疗是：

- [ ] 抗精神病药，比如奥氮平（olanzapine）[再普乐（Zyprexa）]

- 抗抑郁药，比如舍曲林（sertraline）[左洛复（Zoloft）]或者文拉法辛（venlafaxine）[郁复伸（Effexor）]

- 情绪安定剂，比如双丙戊酸钠（divalproex sodium）[丙戊酸钠（Depakote）]或者拉莫三嗪（lamotrigine）[利必通（Lamictal）]

心理疗法

有一些结构化程序，是专门针对那些积极面对自身问题的边缘性人格障碍患者的。这些结构化的治疗方法看上去比一般的治疗能够得到更好的结果。这也许是由于下列因素的结果（但这些因素并不是这些治疗方法独有的），包括：

- 专业的临床医生培训，这能够给医生们更多有效的治疗工具

- 临床医生教育，这能带给医生一种更积极的态度去面对患者的康复，与患者合作

- 一周进行两次治疗而非一次

- 与患有同样疾病的平辈病友交流的机会

所有的治疗重点都集中在有问题的边缘性人格障碍行为上，但是这些重点会随着医患关系的重要性而变化。基本上对于大部分病人来说，决定接受什么样的治疗，关键在于治疗方案的可行性，医患关系的最佳配合度，医疗保险的覆盖范围以及其他因素。

辩证行为疗法

辩证行为疗法（DBT）很可能是目前最有名的针对边缘性人格障碍的结构化治疗方法。这种方法是由玛莎·林内翰提出的，该疗

法本质上是教患者学会接纳自己的本质，接纳之后就能让他们改变自己的行为。

加入DBT项目的人们，一般都会参加一周一次的团体技能培训研讨会，去学习如何忍受痛苦、调节情绪、集中精神、改善他们的人际交往能力。他们还会每周去面见自己的心理治疗师。

正念是DBT疗法（你可以在附录B中了解更多相关信息）的核心观念之一。正念是你此刻的存在状态，观察你身边正在发生什么，注意不要让你的情绪被发生的事情影响。考虑加入DBT项目的人们需要自愿而诚实地接受治疗，并且记录每天的日常情况。你可以浏览网站www.behavioraltech.com，找到更多关于DBT疗法的内容，还可以找到DBT治疗师。

心理化基础疗法

心理化基础疗法（MBT）是一种特殊的心理治疗类型，专门用于帮助边缘性人格障碍患者关注下列问题：

☐ 区分自己的想法和其他人的想法

☐ 认识想法、感受、愿望和欲望是如何与行为联系到一起的，对于大部分传统疗法来说，这只是其中的一个部分，然而对于MBT来说，这是最主要的中心点

MBT疗法的另一个中心点是病人与治疗师之间的互动。与DBT疗法不同，DBT的重点在于技巧的训练。MBT的重点则包括与其他人建立更好的关系，加强对情绪与行为的控制。病人和治疗师之间的关系，被认为是该疗法中至关重要的部分，反之，DBT疗法的目标则是功能障碍行为。

图式疗法

根据创建者所说，在童年时期如果有必要的需求没有得到满足，就会形成一种根深蒂固的自我否定的"图式"。他们说，我们的图式是由我们过度敏感的（我们的"情感触发点"）生活情境引发的。而这些触发点能够令我们对相关情境产生过度反应，或者会以一种最终会伤害我们自己的方式行事。

图式疗法的目标包括帮助人们发觉他们真实的情感，消除他们的自我否定图式，让他们在亲密关系中的情感需求得到满足。

斯特普斯团体治疗项目

斯特普斯（STEPPS）代表情绪可预测性和解决问题的系统训练。这种疗法在荷兰十分流行，目的是用于辅助而非替代常规疗法。就像DBT疗法一样，STEPPS疗法也是一种技巧训练法。家庭成员们在这个治疗项目中有重要的地位，他们要学会如何巩固和支持病人学到的新技巧。

这个治疗项目有三个阶段：了解病情、情绪管理技巧训练和行为管理技巧训练。

寻找一位心理咨询师

不幸的是，这些结构化的疗法并未得到广泛应用，而且费用也很昂贵。由于每一位临床医生都有自己独特的治疗"风格"，即便他们都是从具有同样理念的学校毕业也各不相同，因此找到一位合适的心理咨询师就像找到一份合适的工作一样，需要碰运气。

治疗边缘性人格障碍的心理咨询师应该具有以下品质：

- [ ] 他们相信边缘性人格障碍是可以治愈的。

- [ ] 他们了解最近的研究成果，了解脑功能障碍对于边缘性人格障碍患者的影响。

- [ ] 他们能够制定出清楚明了、有针对性的治疗目标，这些目标应该是切实可行的，尤其应该是处在健康医疗保险计划针对相关治疗设置的期限之内。

- [ ] 他们在治疗边缘性人格障碍的时候，能够得到同行的支持。

- [ ] 他们信任自己的能力，理解边缘性人格者的行为方式。他们同情边缘性人格障碍患者，但却有足够的理智，不会因为边缘性人格障碍患者不正常的人际交往方式（包括与心理咨询师的交往）而产生情感上的困扰。

找到合适的精神病医生的一种方法是建立一个列表，记录下你所在的地区精神疾病治疗方面最好的医院，记住要把教学型的医院也记录在内。然后，致电每家医院，与精神病科室的护士主管或者医务人员行政助理交流。询问专门治疗人格障碍的精神病医生的姓名，在这个阶段不要特别提及边缘性人格障碍。

然后，按照你的保险计划或者医疗保险中给出的承保目录去核对这些姓名。接下来致电个人医疗诊所，询问相关人员在治疗人格障碍方面的经历。认真地听取他们回答的语气，选择那些让职员们信心百倍的医生。如果你找到一位很不错的精神科医生，可以请求对方给你推荐其他类型的临床治疗专家，比如针对边缘性人格障碍的心理医生。

当你把列表上的范围缩小到几名医生之内后，就可以预约这些医生面谈，并询问下列问题：

- ☐ 您曾经治疗过边缘性人格障碍患者吗？如果有的话，治疗过多少人？
- ☐ 您是怎么定义边缘性人格障碍的？
- ☐ 您认为边缘性人格障碍的成因是什么？
- ☐ 您对边缘性人格障碍患者会采用什么样的治疗方案？
- ☐ 您是否认为边缘性人格障碍患者会有所好转？您治疗过的患者中，有没有病情明显得到改善的？
- ☐ 您是否知道，和边缘性人格障碍患者共同生活的人需要承受多大压力？

你的目标是找出一位在治疗人格障碍方面有经验的医生：他知道有些边缘性人格者是高功能的，能够导致特殊的问题；他能够理解边缘性人格障碍真正的成因。不过，你首先要确定的是，这些心理医生不会错误地认为，边缘性人格障碍必然是由父母虐待导致的。

最后，你还要要求选定的心理医生为你制订一份灵活变通的治疗计划，有明确、具体、切实的目标。在《边缘性人格障碍患者家庭实用指南》（2008年）中的"寻求专业的帮助"一章中涵盖了这些话题；并且更加详细地介绍了如何寻找非结构化的疗法，包括如何评估治疗结果以及心理医生的声望，等等。

附录B：修习正念

边缘性人格者的至爱亲朋应修习正念

辩证行为疗法（DBT）中，一个已经证明对于边缘性人格障碍患者非常有效的基本内容就是正念。治疗边缘性人格障碍，通常会从学习正念技巧开始，边缘性人格者会在整个治疗中反复练习这些技巧。（林内翰，1993年）

对于那些需要应对边缘性人格障碍行为的非边缘性人格者来说，正念技巧同样大有裨益。实际上，在过去十年中，美国边缘性人格障碍教育联盟（NEA-BPD）已经在其家庭关系项目中推行了正念技巧，这个项目为边缘性人格障碍患者的家庭成员们提供了教育、技能训练和支持。（想要了解更多关于这个项目的信息，可访问www.neabpd.org/family-connections）

正念是一种不加评判的意识。就像正念研究者乔恩·卡巴特-辛恩说的那样，正念是"在当下这一刻，明白你自己心中的所想所感，明白你的肉体感觉和行为，无需去评判或者批评你自己，抑或你自己的体验"（2005年）。一些人称之为"中心状态"，而另一些人则称这种体验为其"真我"。

边缘性人格障碍患者通常会被他们的情绪所控制。这会导致他们产生破坏性和冲动性的行为，类似于吸毒、高风险的性接触和自残。在DBT疗法中，正念的目标是让边缘性人格者认识这些强烈的情绪模式和高风险行为，从而让他们三思而后行，少些冲动。在DBT术语中，正念的目标是练习并实现"慧心（wise mind）"：这是一种居于"理心（reasonable mind）"和"情心（emotional mind）"之间的平衡［或者像一些临床医生说的，"情感心（emotion mind）"］。在慧心状态之下，我们能够体验到生活的本真，领会到我们总是会遇到的迷惑与暗影。

当我们从一种理智而合理的观点中获取知识时，就是处于理心的状态中。在理心状态中，我们的情感被排除在外，我们的反应是有计划的、有控制的。相反，当我们的思想和行为都被当前的情绪状态控制时，我们就处于情心的状态中。在情心状态中，很难进行理性思考，事实可能会被歪曲，以匹配或验证我们的感受。

在慧心状态中，我们的情感和思考共同发生作用。因此，我们的行为得当而稳定，即便是你感觉自己的生活和亲密关系都暂时失控也能如常行事。

当我们把持正念时，就能够坦诚地面对生命的本真，能够完全地意识到它出现和消逝的每一刻。

在《辩证行为疗法》（2007年）中，麦凯、杰弗里·伍德和杰弗里·布兰特利告诉我们："想要完全地理解你在当前这一刻的体验，就有必要摒弃对你自己、对你所处的情况和对其他人的批评。"DBT疗法的创始人玛莎·林内翰称之为"全然接受"（1993年）。这个词组还是心理学家、冥想导师塔拉·布拉奇在2004年出版的作品的标题。

全然接受让我们能够将注意力集中在此时此地，避免落入精神上和情绪上的桎梏，去关注过去或者未来发生的事情。当我们应对与边缘性人格障碍有关的无法预测和混淆不清的行为时，这种做法特别有帮助。

一般的DBT疗法中，正念能帮助边缘性人格障碍患者摆脱非黑即白思维方式下的情绪过山车。随着时间的流逝，经常练习正念技巧的人能够更好地忍受痛苦、解决问题，并且不会再在他们的生活和亲密关系中制造混乱和压力。注意，尽管如此，正念的目标并不是让你体验深刻的幸福或者没有压力、没有烦恼的生活。

我们都有获得正念的能力。这是一种任何人都能学会的技巧，并没有什么神秘之处。我们只要专注于当下这一刻，当精神上出现混乱时，我们就让它清晰地显现，再任由它消失。再三反复，我们就能回到此时此地。

不过，获得正念也并不像听起来那么简单，尤其是当我们刚开始学习的时候。但是经过练习，每个人都能得到进步。在这个过程中，我们还会学到很多关于自我、他人和我们的亲密关系的内容。

修习正念能帮助你在理心和情心之间获得更好的平衡，也会将你以一种更好的姿态、更平衡而健康的方式、更理智的心态面对压力环境。你还能做出更好的选择，改善你的亲密关系，挖掘你放松身心的潜能。

《辩证行为疗法》（2007年）中完美地解释了正念，介绍了一些修习正念的建议与机会。

正念练习1：专注于一个目标

这个练习的目的是让你的精神能够专注在单一目标上，然后意识到你让自己的精神保持在这个状态下所需要的精神能量。

寻找一个你能够独处的地方，并远离电视、收音机和其他会干扰或打断你的东西。找一个舒服的姿势，不管是坐着还是站着都可以，维持三分钟。睁着双眼，自然地呼吸。

找一个在附近的、你能够清楚地看见的目标。这可能是某种对你而言并没有强烈感觉的物品，比如一个盘子、一把椅子、一本书、一个杯子等。

接下来的三分钟，专注于这个目标上。如果你愿意，可以从多个角度观察它，把它拿起来或者把你的手放在上面，还可以闻闻它的味道。感知你对这个物体所有不同的感官信息。

当你的注意力分散时，或者将要分散时，只要提醒你自己，再把注意力转回到目标上去即可。这种情况可能会发生好几次，甚至不止好几次。所以你不需要感觉挫败或者批评自己，只要不断地让你自己再重新把注意力集中到目标上就可以。

正念练习2：内视你自己的思想

这个练习的目的是增加你对自己的精神与思想的认识。经过一段时间后，这个练习会帮助你不易为某些特定的想法束缚、痛苦或者击垮。

再次寻找一个地方,不会被干扰或者打断。找一个舒适的坐姿,双脚落地,挺直脊背。(也就是说你要端正地坐在椅子上。)睁着双眼,自然呼吸。

五分钟之内不要思考任何具体的事情,或者说不要有任何思想活动。只是"注视"你思维之海的表面,任思潮游荡,随波逐流。不要试图去抓住什么、推开什么或者判断什么。让它们自由来去。

如果你的思维偏离方向,或者陷入了某种僵局,只要稍加注意,然后重新安静地"注视"你的内心。如果你注意到自己在做出判断("在这方面我并不是擅长""为什么我有这么可怕的想法",等等),只要注意你的判断,然后再度重新"注视"你的内心即可。

随着不断地练习,这种技能会帮助你避免被执念或者烦恼困扰。看似矛盾的是,它也能帮助你在需要的时候,更好地专注于重要的事情、关注点或者行为上——比如说结算你的账务,等等。

附录C：阅读资源

标有一颗星（*）或两颗星（**）的阅读材料特别优秀。带有加号（+）的阅读材料会直言不讳地指明边缘性人格障碍行为对家庭成员的影响，它们可能会对边缘性人格障碍患者产生刺激。有一些作者有个人网站，同样写在书单里。

关于边缘性人格障碍的阅读材料

书店中买不到的边缘性人格障碍资料

《回头是岸》（*Back from the Edge*，2007），DVD，纽约白原市：边缘性人格障碍资源中心，www.bpdresourcecenter.org。

边界线（Border-Lines）：可在www.bpdcentral.com网站上订阅的时事通讯栏目。

《分离：在与边缘性人格者或者自恋者离婚时如何保护你自己》（*Splitting: Protecting Yourself While Divorcing a Borderline or Narcissist*，2003），埃迪（W. A. Eddy）著，美国威斯康星州密尔沃基：蛋壳出版社（Eggshells Press），www.bpdcentral.com，电话（888）357-4355。附赠光盘。

《边缘性人格障碍基础知识：边缘性人格障碍入门者基础》（*The ABC's of BPD: The Basics of Borderline Personality Disorder for Beginners*，2007），克莱格（R. Kreger）和耿（E. Gunn）著，美国威斯康星州密尔沃基：蛋壳出版社（Eggshells Press），www.bpdcentral.com，电话（888）357-4355。

《爱与憎：当你的伴侣患有边缘性人格障碍时如何保护自己的精神健康与法律权益》（*Love and Loathing: Protecting Your Mental Health and Legal Rights When Your Partner Has Borderline Personality Disorder*，2000），克莱格（R. Kreger）和威廉姆斯-贾斯特逊（K.A.Williams-Justesen）著，美国威斯康星州密尔沃基：蛋壳出版社（Eggshells Press），www.bpdcentral.com，电话（888）357-4355。

《你是我的世界：非边缘性人格者指导你如何获得监护权》（*You're My World: A Non-BP's Guide to Custody*，2001），路易斯（K. Lewis）和雪莉（P. Shirley）著，美国威斯康星州密尔沃基：蛋壳出版社（Eggshells Press），www.bpdcentral.com，电话（888）357-4355。

《给亚历克斯的伞》（*An Umbrella for Alex*，2006），拉什金（R. Rashkin）著，美国佐治亚州罗斯威尔：PDAN出版社，www.pdan.org。这是一本为父母情绪波动较大的孩子们创作的书。

《父母的期望：帮助边缘性人格子女无须牺牲家庭或自我》（*Hope for Parents: Helping Your Borderline Son or Daughter Without Sacrificing Your Family or Yourself*，2000），温克勒（K. Winkler）和克莱格（R. Kreger）著，美国威斯康星州密尔沃基：蛋壳出版社（Eggshells Press），www.bpdcentral.com，电话（888）357-4355。

可购买的边缘性人格障碍资料

**《青少年边缘性人格障碍：理解与面对边缘性人格障碍青少年全书》(*Borderline Personality Disorder in Adolescents: A Complete Guide to Understanding and Coping When Your Adolescent Has BPD*，2007)，阿吉雷(B.A. Aguirre)著，美国马萨诸塞州贝弗利：顺风出版社(Fair Winds Press)。

**《边缘性人格障碍生存指南：如何与边缘性人格障碍相处》(*The Borderline Personality Disorder Survival Guide: Everything You Need to Know About Living with BPD*，2007)，查普曼(A. L. Chapman)和格拉茨(K. L. Gratz)著，美国加利福尼亚州奥克兰：新先驱出版社(New Harbinger Publications)。

**《揭秘边缘性人格障碍：理解并与边缘性人格障碍患者共同生活基本指南》(*Borderline Personality Disorder Demystified: An Essential Guide for Understanding and Living with BPD*，2004)，弗里德尔(R. O. Friedel)著，纽约：马洛及伙伴出版社(Marlowe & Company)，www.bpddemystified.com。

**《理解与面对边缘性人格障碍：专业人士与家庭指南》(*Understanding and Treating Borderline Personality Disorder: A Guide for Professionals and Families*，2005)，冈德森(J. G. Gunderson)和霍夫曼(P. D. Hoffman)编，美国华盛顿：美国精神病学出版社(American Psychiatric Publishing)。

**《与内心的恐惧对话：实战攻略》(*The Stop Walking on Eggshells Workbook: Practical Strategies for Living with Someone Who Has Borderline Personality Disorder*，2002)，克莱格(R. Kreger)和雪莉(P. Shirley)著，美国加利福尼亚州奥克兰：新先驱出版社

（New Harbinger Publications），www.bpdcentral.com。

《边缘性人格障碍患者家庭实用指南：停止在蛋壳上行走的全新工具与技巧》(*The Essential Family Guide to Borderline Personality Disorder: New Tools and Techniques to Stop Walking on Eggshells*，2008），克莱格（R. Kreger）著，美国明尼苏达州森特城：海瑟顿出版社（Hazelden），www.BPDcentral.com。

《有时我会发疯：与边缘性人格障碍患者一起生活》(*Sometimes I Act Crazy: Living with Borderline Personality Disorder*，2004），克里斯曼（J. Kreisman）和施特劳斯（H. Straus）著，美国新泽西州霍博肯：约翰·威立与儿子们出版社（John Wiley & Sons）。

《理解边缘性人格母亲：帮助她的子女超越紧张莫测和反复无常的亲密关系》(*Understanding the Borderline Mother: Helping Her Children Transcend the Intense, Unpredictable, and Volatile Relationship*，2002），劳森（Lawson, C. A.）著，美国新泽西州诺斯韦尔：詹森·阿伦森出版公司（Jason Aronson）。

+《边缘性人格障碍治疗手册》(*Skills Training Manual for Treating Borderline Personality Disorder*，1993），林内翰著，纽约：吉尔福德出版社（Guilford Press），behavioraltech.org。这本手册是为那些采用辩证行为疗法（DBT）的心理医生撰写的，但对于那些患上边缘性人格障碍的患者来说同样是一本有效的工作手册。

《迷失镜中：从内部视角看边缘性人格障碍患者》(*Lost in the Mirror: An Inside Look at Borderline Personality Disorder*，2001年第2版），莫斯科维茨（R. Moskovitz）著，美国马里兰州拉纳姆：泰勒贸易出版社（Taylor Trade Publishing）。

**《带我逃离：我的边缘性人格障碍痊愈之路》(*Get Me Out of Here: My Recovery from Borderline Personality Disorder*，2004)，赖兰（R. Reiland）著，美国明尼苏达州森特城：海瑟顿出版社（Hazelden）。警告：本书对于某些边缘性人格者来说可能情感色彩过于强烈。

+《与内心的小孩对话：如何治愈你的童年创伤》(*Surviving a Borderline Parent: How to Heal Your Childhood Wounds and Build Trust, Boundaries, and Self-Esteem*，2003)，罗斯（K. Roth）和弗兰德曼（F. B. Friedman）著，美国加利福尼亚州奥克兰：新先驱出版社（New Harbinger Publications），www.survivingaborderlineparent.com。

其他资源

《从放纵到痊愈》(The Journey from Abandonment to Healing, 2000), 安德森 (S. Anderson) 著, 纽约: 伯克利出版公司 (Berkley Books)。这本书是为边缘性人格障碍患者撰写的。

《放手: 走出关怀强迫症的迷思》(Codependent No More: How to Stop Controlling Others and Start Caring for Yourself, 1992 年第 2 版), 贝蒂 (M. Beattie) 著, 美国明尼苏达州森特城: 海瑟顿出版社 (Hazelden)。

**《如何逃离双输陷阱》(How to Escape the No-Win Trap, 2004), 博格 (B. C. Berg) 著, 纽约: 麦格劳-希尔图书公司 (McGrawHill)。

**《更好的界限: 拥有和珍爱你的生活》(Better Boundaries: Owning and Treasuring Your Life, 1997), 布莱克 (J. Black) 和恩斯 (G. Enns) 著, 美国加利福尼亚州奥克兰: 新先驱出版社 (New Harbinger Publications)。

《当大脑竭力索命我该如何求生: 自杀预防指南》(How I Stayed Alive When My Brain Was Trying to Kill Me: One Persons Guide to Suicide Prevention, 2002), 布劳纳 (S. R. Blauner) 著, 纽约: 威廉莫洛出版社 (William Morrow)。

**+《与神经质者的美满生活》(Living Successfully with Screwed-Up People, 1999), 布朗 (E. B. Brown) 著, 美国密歇根州大急流城: 弗莱明·H.雷维尔出版公司 (Fleming H. Revell)。

**《自私的父母: 如何治愈你的童年创伤》(Children of the Self-Absorbed: A Grown-up's Guide to Getting Over Narcissistic

Parents，2008年第2版），布朗（N. W. Brown）著，美国加利福尼亚州奥克兰：新先驱出版社（New Harbinger Publications）。

《一直在说你，现在来谈谈我：如何识别与应对你生活中的自恋者》（*Enough About You, Let's Talk About Me: How to Recognize and Manage the Narcissists in Your Life*，2005），卡特（L. Carter）著，旧金山：巴斯出版社（Jossey-Bass）。

《选择生存：如何凭借认识疗法战胜自杀》（*Choosing to Live: How to Defeat Suicide Through Cognitive Therapy*，1996），埃利斯（T. E. Ellis）和纽曼（C. F. Newman）著，美国加利福尼亚州奥克兰：新先驱出版社（New Harbinger Publications）。

《离婚的父母：释怀过去，追求梦想的生活》（*Divorcing a Parent: Free Yourself from the Past and Live the Life You've Always Wanted*，1990），恩格尔（B. Engel）著，纽约：福西特科隆比纳出版社（Fawcett Columbine），www.beverlyengel.com。

《遭受情感虐待的女人：克服破坏性的模式，挽救你自己》（*The Emotionally Abused Woman: Overcoming Destructive Patterns and Reclaiming Yourself*，1990），恩格尔（B. Engel）著，纽约：福西特科隆比纳出版社，www.beverly engel.com。

《情感虐待关系：如何不再受虐与施虐》（*The Emotionally Abusive Relationship: How to Stop being Abused and How to Stop Abusing*，2002），恩格尔（B. Engel）著，美国新泽西州霍博肯：约翰·威立与儿子们出版社，www.beverly engel.com。

《双重人格综合征：当你生活中的人或者你自己具有双重人格时该如何面对》（*The Jekyll and Hyde Syndrome: What to Do If Someone in Your Life Has a Dual Personality, or If You Do*，2007），

恩格尔（B. Engel）著，美国新泽西州霍博肯：约翰·威立与儿子们出版社，www.beverlyengel.com。

《爱他，也要爱自己：女人必备的七种爱情智慧》（*Loving Him Without Losing You: How to Stop Disappearing and Start Being Yourself*，2000），恩格尔（B. Engel）著，纽约：约翰·威立与儿子们出版社，www.beverlyengel.com。本书同样适用于男性。

《不要用爱控制我》（*Controlling People: How to Recognize, Understand, and Deal With People Who Try to Control You*，2002），埃文斯（P. Evans）著，美国马萨诸塞州埃文：亚当斯传媒公司（Adams Media Corporation）。

《高冲突夫妇：辩证行为疗法助你得到平静、亲密与认可》（*The High-Conflict Couple: A Dialectical Behavior Therapy Guide to Finding Peace, Intimacy, and Validation*，2006），弗鲁泽蒂（A. E. Fruzzetti）著，美国加利福尼亚州奥克兰：新先驱出版社（New Harbinger Publications）。

**《情感勒索：助你成功应对人际关系中的软暴力》（*Emotional Blackmail: When the People in Your Life Use Fear, Obligation, and Guilt to Manipulate You*，1997），福沃德（S. Forward）著，纽约：哈珀柯林斯出版社（HarperCollins Publishers）。

**《原生家庭》（*Toxic Parents: Overcoming Their Hurtful Legacy and Reclaiming Your Life*，1989），福沃德（S. Forward）著，纽约：斑塔姆出版社（Bantam Books）。

《暴脾气小孩：教养执拗、易怒孩子的新方法》（*The Explosive Child: A New Approach for Understanding and Parenting Easily Frustrated, Chronically Inflexible Children*，2005），格林（R. W.

Greene）著，纽约：哈珀出版社（Harper）。

**《战胜内心的恐惧》(Feel the Fear... and Do It Anyway, 2007)，杰弗斯（S. Jeffers）著，纽约：巴兰坦图书出版社（Ballantine）。

《透过孩子的眼睛看：给离婚家庭的孩子的治愈故事》(Through the Eyes of Children: Healing Stories for Children of Divorce, 1997)，约翰斯顿（J. R. Johnston）、布罗伊尼希（K. Breunig）、加里蒂（C. Garrity）和巴里斯（M. Baris）著，纽约：自由出版社（Free Press）。

**+《爱你好难：理智地去爱一个有控制欲、不知足、不诚实的人或者瘾君子》(It's So Hard to Love You: Staying Sane When Your Loved One Is Manipulative, Needy, Dishonest, or Addicted, 2007)，克拉特（B. Klatte）和汤普森（K. Thompson）著，美国加利福尼亚州奥克兰：新先驱出版社（New Harbinger Publications）。

**《愤怒之舞：改变亲密关系模式的女性指南》(The Dance of Anger: A Womans Guide to Changing the Patterns of Intimate Relationships, 2005)，勒纳（H. Lerner）著，纽约：四季现代出版社（Perennial Currents）。本书对于男性也同样有用。

《神经通路疗法：如何改变大脑对于愤怒、恐惧、痛苦和欲望的反应》(Neural Path Therapy: How to Change Your Brains Response to Anger, Fear, Pain, and Desire, 2005)，麦凯（M. McKay）和哈普（D. Harp）著，美国加利福尼亚州奥克兰：新先驱出版社（New Harbinger Publications）。

《当愤怒伤害了你的孩子时：父母指南》(When Anger Hurts Your Kids: A Parent's Guide, 1996)，麦凯（M. McKay）、帕莱格（K. Paleg）、范宁（P. Fanning）和兰蒂斯（D. Landis）著，美国加利福

尼亚州奥克兰：新先驱出版社（New Harbinger Publications）。

《当你的孩子自残时：帮助孩子克制自残父母必读》(*When Your Child Is Cutting: A Parent's Guide to Helping Children Overcome Self-Injury*，2006），麦克威-诺布尔（M. E. McVey-Noble）、科姆拉尼-帕特尔（S. Khemlani-Patel）和妮泽尔格（F. Neziroglu）著，美国加利福尼亚州奥克兰：新先驱出版社（New Harbinger Publications）。

《推动者：助人亦伤人》(*The Enabler: When Helping Hurts the One You Love*，2008），米勒（A. Miller）著，美国亚利桑那州图森：维特马克出版公司（Wheatmark）。

《如果你曾控制父母：如何释怀过去正面现在》(*If You Had Controlling Parents: How to Make Peace with Your Past and Take Your Place in the World*，1998），纽哈斯（D. Neuharth）著，纽约：克里夫街出版社（Cliff Street Books）。

《当愤怒伤害了你的亲密关系：解决夫妻争端的十条妙招》(*When Anger Hurts Your Relationship: Ten Simple Solutions for Couples Who Fight*，2001），帕莱格（K. Paleg）和麦凯（M. McKay）著，美国加利福尼亚州奥克兰：新先驱出版社（New Harbinger Publications）。

《考特尼的爱情：尖叫女王》(*Courtney Love: Queen of Noise*，1996），罗西（M. Rossi）著，纽约：口袋书出版社（Pocket Books）。

《别让孩子害死你：毒品和酒精上瘾子女的父母必读》(*Don't Let Your Kids Kill You: A Guide for Parents of Drug and Alcohol Addicted Children*，2007年第3版），鲁宾（C. Rubin）著，美国加

利福尼亚州佩特卢马：新世纪出版社（NewCentury Publishers）。

**《别当真！应对拒绝的艺术》（*Don't Take It Personally! The Art of Dealing with Rejection*，1997），萨维奇（E. Savage）著，美国加利福尼亚州奥克兰：新先驱出版社（New Harbinger Publications），www.queenofrejection.com。

《戴安娜寻找自己：困境中的公主肖像》（*Diana in Search of Herself: Portrait of a Troubled Princess*，1999），史密斯（S. B. Smith）著，纽约：时代图书公司（Times Books）。

《别控制我！》（*Stop Controlling Me! What to Do When Someone You Love Has Too Much Power Over You*，2001），斯坦纳克（R. J. Stenack）著，美国加利福尼亚州奥克兰：新先驱出版社（New Harbinger Publications）。

《我不想这样生活》（*And I Don't Want to Live this Life*，1996），斯庞根（D. Spungen）著，纽约：巴兰坦出版社（Ballantine Books）。

《重生：如何打破负面生活模式》（*Reinventing Your Life: How to Break Free from Negative Life Patterns*，1993），杨（J. E. Young）和克劳斯科（J. S. Klosko）著，纽约：杜登出版社（Dutton），www.schematherapy.com。

《他是抑郁症？当爱人喜怒无常、暴躁易怒、沉默寡言时应该怎么办》（*Is He Depressed or What? What to Do When the Man You Love Is Irritable, Moody, and Withdrawn*，2005），韦克斯勒（D. B. Wexler），美国加利福尼亚州奥克兰：新先驱出版社（New Harbinger Publications）。

边缘性人格障碍相关组织机构

National Education Alliance for Borderline Personality Disorder

(NEA-BPD)

neabpd.org

美国边缘性人格障碍教育联盟旨在提高公众对边缘性人格障碍的认识,提供对边缘性人格障碍方面的教育,促进对边缘性人格障碍的研究,同时提高那些受边缘性人格障碍影响的人群的生活质量。他们会提供家庭教育项目、年会、地区会议和教育及研究材料。

美国边缘性人格障碍教育联盟还提供了一个为期十二周的家庭关系项目,教导边缘性人格障碍患者和他们的家庭成员学习基于辩证行为疗法(DBT)的应对技巧。这一课程只在某些城市开展,参与者需要付费。该项目还可通过电话进行学习。想要了解更多信息,可以访问组织者的网站。

美国边缘性人格障碍教育联盟网站上包含了大量关于即将召开的会议、认证、家庭项目、视频、音频资源和其他信息。还有一些极为珍贵的来自于心理医生与专家们关于边缘性人格障碍的会议存档视频和音频。

选择在线资源

对于那些对边缘性人格障碍感兴趣的人来说,一些最好的资源都能够在互联网上找到。根据互联网的性质,网上所载录的信息多半都是最新的。而且,当然了,这些信息随时可以浏览。

如果你搜索关键词"边缘性人格障碍",就会搜到浩如烟海的结果。下面是一些最知名的在线资源,经得起时间的考验,并且提供了最新的、有用的信息。

在线支持团体

无论在现实生活中还是网上,当一个家有边缘性人格者的人遇到了另一个遭遇相同的人时,就会有奇迹发生。书本和医生们可能会说:"那不是你的问题,那是人格障碍的问题。"但是当你关爱的人坚持说一切都是你的错时,很难让人不觉得沮丧。

当其他人说,"我也正好遇到过这样的事情",然后描述了一种类似的经历时,你就会更容易得到继续前进的动力,把受伤害和内疚的感觉放下,开始解决问题。

为关爱边缘性人格者的家庭成员建立的"欢迎来到奥兹国"网上社区

www.bpdcentral.com

"欢迎来到奥兹国"(WTO)是由兰迪·克莱格在1996年创建的。这个网站有16000名成员,是最大也创建最久的家庭论坛。会员们通过电子邮件进行对话交流。网站会员们的生活体验成了《与内心的恐惧对话》和《与内心的恐惧对话:实战攻略》的基础。

由于WTO网站很大,因此既能够支持规模大的综合性群组,也能够支持较小的专业性群组,以满足处于不同类型亲密关系中的人们的需要。这些群组包括祖父母群组[WTO祖父母群组(WTOGrandparents)]、兄弟姐妹群组[WTO兄弟姐妹群组(WTOChristian)]、成年子女群组[WTO成年子女群组 1（WTOAdultChildren1）] 和基督徒群组 [WTO 基督徒群组（WTOChristian）]。还有一个仅限男士加入的男性群组 [WTO 男性群组（WTOMenOnly）] 和仅限女士的女性群组 [WTO 女性群组（WTOWomenOnly）]。

伴侣是边缘性人格障碍的人可以基于他们的亲密关系不同选择群组。在这里有为那些希望维持亲密关系的人建立的群组 [WTO 维护关系群组（WTOStaying）]，为那些希望离开的人建立的群组 [WTO 离婚群组（WTODivorcing）]，以及那些不确定自己想要怎么做的人建立的群组 [WTO 过渡关系群组（WTOTransition）]。另外一些群组包括 WTO 父母共同教养群组（WTOCoParenting）（包括继父母），WTO 同性恋者群组（WTOGLBT），以及 WTO 专业群组（WTOProfessionals，这是为那些希望增加自己专业知识的临床医生建立的）。

成员们可以在 www.bpdcentral.com 上订阅这些群组，并且向"群组名+subscribe@yahoogroups.com"这个地址发送消息。

NUTS [父母们需要（Needing）理解（Understanding）、柔情（Tenderness）和支持（Support），去帮助他们的边缘性人格障碍子女]

www.parent2parentbpd.org

NUTS 网站是由一些父母和祖父母建立的，他们的孩子（成年或者未成年）都患有边缘性人格障碍，正式确诊或者尚未正式确诊。这个网站成立于 1996 年，是由一位专业而经验丰富的母亲莎伦负责管理的，莎伦在本书中也出现过好几次。该网站会收取少许月度会员费。父母们可以讨论多种话题，包括边缘性人格障碍对他们自己和其他家庭成员的情绪的影响。

在互联网上选择网站

边缘性人格障碍中心网（BPDCentral）

www.bpdcentral.com

边缘性人格障碍中心网是由兰迪·克莱格在 1995 年创建的。它提供了大量关于边缘性人格障碍的信息，包括论文、随笔、专家访谈、图书与小册子的节选、网站链接和资源、对于常见问题的回答、关于边缘性人格障碍的基础问题和更深层次的问题以及边缘性人格障碍对于家庭成员们的影响，还有其他更多内容。

面对现实：当爱的人患上边缘性人格障碍

www.bpdfamily.com

这是一个为家庭成员们建立的关于边缘性人格障碍的综合性网站。它包括一个留言板、文章和可靠的资源列表、支持群组和相关图书。

揭秘边缘性人格障碍

www.bpddemystified.com

这是由《揭秘边缘性人格障碍》(*Borderline Personality Disorder Demystified*) 一书的作者罗伯特·弗里德尔医学博士（Robert Friedel, MD）、著名的边缘性人格障碍精神病学专家在近期建立的一个内容详尽的网站。

边缘性人格障碍：为家庭成员提供可信赖的资源

www.bpdresources.net

这个网站的特色是书评和有趣的图书节选。另外一个特色是对图书作者进行访谈。

触碰另一颗心：促进情感亲密的移情与倾听技巧

www.touch-another-heart.com

这是一个关于移情认知的有趣而有教益的网站，移情认知是促进与边缘性人格障碍患者交流的一个关键方式。

我的奥兹国之旅

www.mytriptoozandback.com

副标题为"我与边缘性人格障碍患者的一个真实的老故事"，这个网站是一位女性写给她边缘性人格伴侣的一封五十页长信。她的经历对于大部分伴侣罹患边缘性人格障碍的人来说是极具代表性的。

从内到外的边缘性人格障碍

www.borderlinepersonality.ca

马哈利（A. J. Mahari）在本书中也出现了几次，他是一位高产作家，他写作的角度不仅有边缘性人格障碍患者，还有边缘性人格障碍患者的家人。这个网站包括了马哈利的电子书链接和 YouTube 视频网站上的视频。

治愈边缘性人格障碍

www.bpdrecovery.com

这是一个综合性网站，面向边缘性人格障碍患者，特色是论坛发帖交流。

佛罗里达州边缘性人格障碍协会

www.fbpda.org

中道：理解、同情和支持边缘性人格障碍

www.middle-path.org

这是一个为边缘性人格障碍患者创建的非营利性在线资源。

暗影之下

www.bpdawareness.org

标题为"暗影之下"。这个网站的主旨是为了增加对边缘性人格障碍的认识。该网站上还销售为边缘性人格障碍患者定制的祝福手环。

行为技术有限责任公司

www.behavioraltech.com

行为技术有限责任公司是由玛莎·林内翰博士创建的，它会为心理健康保健机构和治疗团队提供培训，教他们如何使用辩证行为疗法（DBT）。在这个网站上有一个数据库，能够搜索参加过 DBT 培训的美国心理医生。

边缘性人格障碍资源中心

www.bpdresourcecenter.org

这个网站与纽约长老教会医院的边缘性人格障碍资源中心

（BPDRC）相关联。这个网站上有大量的对边缘性人格障碍的综述。

图式疗法

www.schematherapy.com

这个网站展示了有关杰弗里·杨（Jeffrey Young）博士创立的治疗方法。

关于精神疗法

www. aboutpsychotherapy, com

这是一个广泛而深入研究不同疗法和治疗过程的网站。

边缘性人格障碍世界

www.bpdworld.org

这个网站提供了来自英国的资源。

边缘性人格障碍国家援助协会

www.aapel.org

这是一家法国相关机构的网站。

致谢 1

首先也最重要的是，我要感谢身边的两位男士：我的丈夫罗伯特·博库（Robert Burko）和我的挚友、文学经纪人斯科特·埃德尔斯坦（Scott Edelstein）。是他们让这本书最后得以出版。

在这三年的研究与写作中，罗伯特在情感与经济方面做出了诸多让步。没有他的忠诚、宽宏大量和深深的爱，本书也许只是一个永远无法实现的梦想。

斯科特不仅仅是我的经纪人，他也是我的良师益友、我的教练、我的求助热线、我的啦啦队长、我的头号粉丝。当我怀疑本书也许无法付梓时，是他向我做出保证；当我觉得牺牲了太多想要放弃时，是他告诉我，会有很多人的生活因我而改变。他的幽默和坚定的支持推动着我，让我更加自信。

在这三年的历程中，我身边还陪伴着一个不可思议的团队，彼此之间仅仅通过网络和电话进行交流。我们共同创建了一个充满爱心的网络社区，毫不夸张地说，这挽救了很多人的生活，将人们从孤立无援中解救出来，给予他们希望。没有这个团队的努力工作，没有他们对本书的无私奉献，就不会有基于网络的群众基础，不会有边缘性人格障碍中心网，也不会有《与内心的恐惧对话》这本书。我在此特别感谢马哈利（A. J. Mahari）、阿丽莎（Alyssa）、大卫·安德斯（David Anders）、哈维君（B. Harwijn）、安妮塔（F. Anita）、马丁·克里弗（Martin Cleaver）、伊迪丝·克拉克希罗

（Edith Cracchiolo）、莎伦·哈什曼（Sharon Harshman）、帕蒂·约翰逊（Patty Johnson）、李·梅因哈特（Lee Meinhardt）、丹尼尔·诺顿（Daniel Norton）、蕾切尔·拉索（Rachel Russo）、基尤·乌（Kieu Vu）、克里斯汀·瓦里欧（Kristin Wallio）、马克·维恩斯托克（Mark Weinstock）。

1996年1月，我为边缘性人格障碍患者的亲友们创建了一个名为"欢迎来到奥兹国"的论坛。彼时，当论坛中十二个群组中的成员分享自己与边缘性人格障碍患者一起生活的经历时，他们发现自己并不孤独。自那以后，这个群体慢慢扩大到16000人，并且还为诸多成员建立了一些其他类型的群组。

虽然在"欢迎来到奥兹国"中每一个成员都是独一无二的，但我还是要特别提出一个人，临床医生、理学硕士埃利斯·贝纳姆（Elyce M. Benham），她从一开始就是我们的"舵手"。她温文尔雅的风趣、悲天悯人的情怀和专业的洞察力曾为很多悲伤而困惑的群组成员带来希望。

"欢迎来到奥兹国"的众多群组还得到了一些特殊成员的祝福，他们是正在从边缘性人格障碍中重生的人。尽管偶尔有理由觉得自己不受欢迎，但是出于关心，他们仍然驻足在此，并让我们明白，在这种边缘性人格障碍的桎梏之中生活究竟要付出多大的代价。在需要的时候，他们会委婉地提醒我们，无论是边缘性人格者、他们的家庭成员或者是其他人，都必须在彼此的亲密关系之中承担自己相应的责任。他们的勇气是一种鼓励，他们的悲天悯人照亮了通往理解、宽恕和康复的道路。

遍及全球的诸多临床医生和边缘性人格障碍支持者都为本书出了一份力。家庭护理医师（FNP）麦克·蔡司（Mike Chase）为

"罹患边缘性人格障碍的孩子"这一章节分析和组织了数百条来自互联网的帖子。

包括理学硕士埃利斯·贝纳姆（Elyce M. Benham, MS）、医学博士约瑟夫·贝格斯（Joseph T. Bergs, MD）、社会工作者学会会员玛丽·贝恩哈特（Mari E. Bernhardt, ACSW）、罗丽·贝丝·碧斯贝博士（Lori Beth Bisbey, Ph.D.）、护理学硕士芭芭拉·布兰顿（Barbara Blanton, MSN）、詹姆斯·克莱伯恩博士（James Claiborn, Ph.D.）、肯尼斯·达克曼博士（Kenneth A. Dachman, Ph.D.）、简·德雷瑟护士（Jane G. Dresser, RN）、布鲁斯·费舍尔博士（Bruce Fischer, Ph.D.）、玛丽贝尔·费舍尔博士（MaryBelle Fisher, Ph.D.）、心理学博士约翰·格洛霍尔（John M. Grohol, Psy.D.）、医学博士约翰·甘德森（John Gunderson, MD）、保罗·汉尼格博士（Paul Hannig, Ph.D.）、佩里·霍夫曼博士（Perry Hoffman, Ph.D.）、珍妮特·约翰斯顿博士（Janet R. Johnston, Ph.D.）、伊卡·卡洛格瑞亚（Ikar J. Kalogjera, MD）、奥托·肯贝格（Otto Kemberg, MD）、杰罗尔德·克里斯曼（Jerold J. Kreisman, MD）、玛莎·林内翰（Marsha M. Linehan, Ph.D.）、理查德·莫斯科维茨（Richard A. Moskovitz, MD）、托马斯·米查姆（Thomas Meacham, MD）、苏珊·莫尔斯（Susan B. Morse, Ph.D.）、克里·纽曼（Cory F. Newman, Ph.D.）、安德鲁·皮肯斯（Andrew T. Pickens, MD）、社会工作者学会会员玛格丽特·波法尔（Margaret Pofahl, ACSW）、约瑟夫·桑托罗博士（Joseph Santoro, Ph.D.）、医学博士拉里·西弗尔（Larry J. Siever, MD）以及霍华德·温伯格博士（Howard I. Weinberg, Ph.D.）在内的临床医生们还专门为本书接受了采访。

许多与边缘性人格障碍无关的图书也影响了我的思考。在这些图书之中最主要的是《愤怒之舞》（*The Dance of Anger*，1985），作者是哈丽特·戈尔登霍尔·勒纳博士（Harriet Goldhor Lerner, Ph.D），这本著作的基本观念几乎渗透在本书每一页中。在很多年前我第一次阅读这本书的时候，就改变了我的生活。我很荣幸能够传递勒纳博士的智慧，也很感激她为我带来灵感。苏珊·福沃德博士（Susan Forward, Ph.D.）的几本著作也影响到了我的作品，主要有《情感勒索》(*Emotional Blackmail*, 1997)和《原生家庭》(*Toxic Parents*, 1989)。我强烈推荐以上三本著作。

最后我要感谢我的合著者保罗·梅森（Paul Mason, MS）医生，感谢我们合作愉快；感谢我的出版商新先驱出版社，同样合作愉快；我的继女塔拉·杰拉德（Tara Gerard），感谢她帮我拟定书名；我的母亲珍妮特·克莱格（Janet Kreger），感谢她自学生时代起就支持我写作以及伊迪丝·克拉克希罗（Edith Cracchiolo），在本书的写作中自始至终她都是我的守护天使。

我还要感谢你们，我亲爱的读者们：我们创作了这本书，是为了让你们的旅途能够轻松些许。我们相信，为本书而接受采访的边缘性人格者和非边缘性人格者们的痛苦经历将会对你们大有助益，他们的付出也会因此而更有意义。

兰迪·克莱格

致谢 2

在撰写本书的过程中，许多人都鼓励我、支持我，我要感谢所有人！尤其要感谢下列朋友：

* 莫妮卡（Monica），我的妻子，在这三年的写作过程中她对我无条件的忠诚和信任是无人能比的。我一直在长时间地写作，而她则自始至终做着全职工作，同时承担起家庭主妇的职责，还一直支持和鼓励我。我也要感谢我的孩子们，扎卡里（Zachary）、雅各布（Jacob）和汉娜（Hannah），他们用自己的方式一直在提醒我，什么是生活中最重要的东西。

* 托马斯·梅森（Thomas Mason）和珍·梅森（Jean Mason），我的父母，他们的爱、价值观、奋斗不息、坚持不懈，成为我继续努力的基础。

* 我在诸圣医疗保健系统股份有限公司与精神疾病服务中心的同事们，他们创造了充满挑战和支持的临床环境，去实践与尝试新事物。他们打破桎梏的思维方式，让我作为一位心理健康专业人员受益良多，不仅在职业方面得到了充分的成长，还明确了未来的前进方向。

* 我的研究生导师凯瑟琳·鲁西博士（Kathleen Rusch, Ph.D.），是她最早培养并奠定了我在边缘性人格障碍方面的兴趣。基本上，如果没有她早年的支持与信任，那么很有可能我的临床与专业兴趣都会转移到其他方向去。

我同样还要感谢所有的临床医生和支持者,他们为本书贡献出了自己的深刻见解、经验和知识,还要感谢马莱娜·拉森医生(Marlena Larson)在惠顿方济各会医疗保健中心诸圣公司为边缘性人格障碍患者和家属的卓越奉献。

最后,我要感谢我的合著者兰迪·克莱格(Randi Kreger)和我们的文学经纪人斯科特·埃德尔斯坦(Scott Edelstein),三年多以前,他们带着创作本书的灵感走近我。没有他们的坚持和努力,我可能仍然只是在空想而已。

保罗·梅森

参考文献

《如何与精神病患者生活》(*How to Live with a Mentally Ill Person*, 1996), 阿达麦茨 (C. Adamec) 著, 纽约: 约翰·威立与儿子们出版社 (John Wiley & Sons)

《分离》(*Detachment*, 1981), 家庭互助会 (Al-Anon) 家庭群组总部编写, 美国弗吉尼亚州维珍尼亚滩

《放手: 走出关怀强迫症的迷思》(*Codependent No More: How to Stop Controlling Others and Start Caring for Yourself*, 1987), 贝蒂 (M. Beattie) 著, 美国明尼苏达州森特城: 海瑟顿出版社 (Hazelden)

《全然接受这样的我》(*Radical Acceptance*, 2004), 布拉奇 (T. Brach) 著, 纽约: 斑塔姆出版社 (Bantam)

《治愈束缚你的羞耻感》(*Healing the Shame That Binds You*, 1998), 布雷萧 (J. Bradshaw) 著, 美国佛罗里达州迪尔菲尔德比奇: 健康传播出版社 (Health Communications)

《人格障碍生物学》(*The Biology of the Disorder*, 1997), 布罗茨基 (B. Brodsky) 和曼恩 (J. Mann) 著, 刊于《加利福尼亚精神病联盟杂志》(*California Alliance for the Mentally Ill Journal*), 8:1

《纷繁复杂: 面对边缘性人格障碍的挑战》(*Imbroglio: Rising to the Challenges of Borderline Personality Disorder*, 1992), 科威

尔斯（J. Cauwels）著，纽约：诺顿出版社（W. W. Norton）

《精神疾病的诊断与统计手册》（*Diagnostic and Statistical Manual of Mental Disorders*，简称DSM-IV-TR，2004），华盛顿：美国精神病学会（American Psychiatric Asociation）

《选择生存：如何凭借认识疗法战胜自杀》（*Choosing to Live: How to Defeat Suicide Through Cognitive Therapy*，1996），埃利斯（T. E. Ellis）和纽曼（C. F. Newman）著，美国加利福尼亚州奥克兰：新先驱出版社（New Harbinger Publications）

《遭受情感虐待的女人：克服破坏性的模式，挽救你自己》（*The Emotionally Abused Woman: Overcoming Destructive Patterns and Reclaiming Yourself*，1990），恩格尔（B. Engel）著，纽约：福西特科隆比纳出版社（Fawcett Columbine）

《语言虐待：如何认识和应对两性关系中的言语虐待》（*The Verbally Abusive Relationship: How to Recognize It and How to Respond*，1996），埃文斯（P. Evans）著，美国马萨诸塞州霍尔布鲁克：亚当斯传媒公司（Adams Media Corporation）

《情感勒索：助你成功应对人际关系中的软暴力》（*Emotional Blackmail: When the People in Your Life Use Fear, Obligation, and Guilt to Manipulate You*，1997），福沃德（S. Forward）著，纽约：哈珀柯林斯出版社（HarperCollins Publishers）

《先知》（*The Prophet*，1976），纪伯伦（K. Gibran）著，纽约：亚飞诺普出版社（Alfred A. Knopf）

《困入镜中：为自己而战的自恋者的成年子女》（*Trapped in the Mirror: Adult Children of Narcissists in the Struggle for Self*,

1992），戈洛姆（E. Golomb）著，纽约：威廉莫洛出版社（William Morrow）

《边缘性人格障碍》（*Borderline Personality Disorder*，1984 年），冈德森（J. G. Gunderson），华盛顿：美国精神病学出版有限公司（American Psychiatric Press, Inc）

《言辞伤人：如何不让批评侵蚀你的自尊》（*When Words Hurt: How to Keep Criticism from Undermining Your Self-Esteem*，1990），海尔德曼（M. L. Heldmann）著，纽约：巴兰坦出版社（Ballentine）

《母体遗传的边缘性人格障碍症状与青少年社会心理机能》（*Maternal Borderline Personality Disorder Symptoms and Adolescent Psychosocial Functioning*，2008），赫尔（N. R. Herr）、阿曼（C. Hammen）和布伦南（P. A. Brennan）著，刊于《人格障碍杂志》（*Journal of Personality Disorders*），22（5）：451~465

《以孩子的名义：以发展的方法理解与帮助面对冲突和暴力离婚的孩子》（*In the Name of the Child: A Developmental Approach to Understanding and Helping Children of Conflicted and Violent Divorce*，1997），约翰斯顿（J. A. Johnston）和罗斯比（V. Roseby）纽约：自由出版社（Free Press）

《正念：此刻是一枝花》（*Wherever You Go, There You Are*，2005），卡巴金（Kabat-Zinn）著，纽约：亥伯龙出版社（Hyperion）

《界限：我始你终》（*Boundaries: Where You End and I Begin*，1993），凯瑟琳（A. Katherine）著，美国伊利诺伊州帕克里奇：法尔赛德/柏丽出版社（Fireside/Parkside）

《我恨你——别离开我》（*I Hate You—Don't Leave Me*，1989），

克里斯曼（J. Kreisman）和施特劳斯（H. Straus）著，纽约：埃文出版社（Avon Books）

《有时我会发疯》（*Sometimes I Act Crazy*，1989），克里斯曼（J. J. Kreisman）著，纽约：约翰·威立与儿子们出版社（John Wiley & Sons）

《死亡：成长的最后阶段》（*Death: The Final Stage of Growth*，1975），库伯勒-罗斯（E. Kubler-Ross）著，美国新泽西州恩格尔伍德：普伦蒂斯·霍尔出版社（Prentice Hall）

《愤怒之舞》（*The Dance of Anger*，1985），勒纳（H. G. Lerner）著，纽约：哈珀柯林斯出版社（HarperCollins Publishers）

《父亲的权利》（*Father's Rights*，1997），乐亭（J. M. Leving）和达克曼（K. A. Dachman）著，纽约：基础图书出版社（BasicBooks）

《边缘性人格障碍的认知行为治疗》（*Cognitive-Behavioral Treatment of Borderline Personality Disorder*，1993a），林内翰（M. Linehan）著，纽约：吉尔福德出版社（Guilford Press）

《边缘性人格障碍治疗手册》（*Skills Training Manual for Treating Borderline Personality Disorder*，1993b），林内翰（M. Linehan）著，纽约：吉尔福德出版社（Guilford Press）

《边缘性人格障碍与物质滥用：并发症的影响》（*Borderline Personality Disorder and Substance Abuse: Consequences of Comorbidity*，1995），林克斯（P. S. Links）、赫斯勒格雷夫（R. J. Heslegrave）、弥尔顿（J. E. Milton）、范·瑞卡姆（R. van Reekum）和帕特里克（J. Patrick）著，刊于《加拿大精神病学杂志》（*Canadian Journal of Psychiatry*），40:9-M

《边缘性人格障碍特征:加拿大人研究》(Characteristics of Borderline Personality Disorder: A Canadian Study, 1988),林克斯(P.S. Links)、斯坦纳(M. Steiner)和奥佛德(D. R. Offord)著,刊于《加拿大精神病学杂志》(Canadian Journal of Psychiatry), 33:336~340

《边缘性人格的长期结果》(Long-Term Outcome of Borderline Personalities, 1986),麦克拉申恩(T. H. McGlashan)著,柴斯纳特寄宿学校追踪研究之三,刊于《普通精神病学纪要》(Archives of General Psychiatry), 43:20~30

《辩证行为疗法:掌握正念、改善人际效能、调节情绪和承受痛苦的技巧》(The Dialectical Behavior Therapy Skills Workbook, 2007),麦凯(M. McKay)、伍德(J. C. Wood)和布兰特利(J. Brantley)著,美国加利福尼亚州奥克兰:新先驱出版社(New Harbinger Publications)

《当愤怒伤害了你的孩子时:父母指南》(When Anger Hurts Your Kids: A Parent's Guide, 1996),麦凯(M. McKay)、帕莱格(K. Paleg)、范宁(P. Fanning)和兰迪斯(D. Landis)著,美国加利福尼亚州奥克兰:新先驱出版社(New Harbinger Publications)

《迷失镜中:从内部视角看边缘性人格障碍患者》(Lost in the Mirror: An Inside Look at Borderline Personality Disorder, 1996),莫斯科维茨(R.A. Moskovitz)著,美国得克萨斯州达拉斯:泰勒出版公司(Taylor Publishing Company)

《边缘性人格和非边缘性人格酗酒患者的对比报告》(A Comparison of Borderline and Nonborderline Alcoholic Patients, 1983),纳切(E.P. Nace)、撒克逊(J. J. Saxon)和肖尔(N. Shore)

著，刊于《普通精神病学纪要》(Archives of General Psychiatry)，40:54-56

《成瘾的化学过程》(The Chemistry of Addiction, 1997)，纳什(M. Nash)著，刊于《时代周刊》(Time)，149(18):69~76

《面对来自病人的情感虐待时维护专家地位》(Maintaining Professionalism in the Face of Emotional Abuse from Clients, 1997)，纽曼(C. F. Newman)著，刊于《认知与行为实践》(Cognitive and Behavioral Practice)，4:1~29

《给威斯康星州父亲的指南：离婚与抚养权》(Wisconsin Fathers Guide to Divorce and Custody, 1996)，诺瓦克(J. Novak)著，美国威斯康星州麦迪逊：草原橡树出版社(Prairie Oak Press)

《边缘性人格障碍：治疗困境》(Borderline Personality Disorder: The Treatment Dilemma, 1997)，欧德罕(J. M. Oldham)著，刊于《加利福尼亚精神病联盟杂志》(The Journal of the California Alliance for the Mentally Ill)，8(1):13~17

《第一轴人格障碍与第二轴人格障碍的合并症》(Comorbidity of Axis I and Axis II Disorders, 1995)，欧德罕(J. M. Oldham)、斯克多(A. E. Skodol)、科尔曼(H. D. Kellman)、海勒(S. E. Hyler)、多伊奇(N. Doidge)、罗斯尼克(L. Rosnick)和加拉赫(P. Gallaher)著，刊于《美国精神病学杂志》(American Journal of Psychiatry)，152:571~578

《边缘性人格障碍的短期治疗》(Shorter-Term Treatments for Borderline Personality Disorder, 1997)，普勒斯顿(J. Preston)著，美国加利福尼亚州奥克兰：新先驱出版社(New Harbinger Publications)

《如何为一个问题儿童求助：未成年人计划与服务父母必读》（*How to Find Help for a Troubled Kid: A Parent's Guide for Programs and Services for Adolescents*，1990），里夫斯（J. Reaves）、奥斯汀（J. B. Austin）著，纽约：亨利·霍尔特出版社（Henry Holt）

《与内心的小孩对话：如何治愈你的童年创伤》（*Surviving a Borderline Parent*，2003），罗斯（K. Roth）和弗兰德曼（F. B. Friedman）著，美国加利福尼亚州奥克兰：新先驱出版社（New Harbinger Publications）

《愤怒的心：边缘性人格障碍与成瘾性人格障碍者自救指南》（*The Angry Heart: A Self-Help Guide for Borderline and Addictive Personality Disorder*，1997），桑托罗（J. Santoro）和科恩（R. Cohen）著，美国加利福尼亚州奥克兰：新先驱出版社（New Harbinger Publications）

《自我的新观点：基因与神经物质如何塑造你的心灵、性格和精神健康》（*The New View of Self: How Genes and Neurotransmitters Shape Your Mind, Your Personality, and Your Mental Health*，1997），西弗尔（J. Siever）和弗鲁赫特（W. Frucht）著，纽约：麦克米兰出版社（Macmillan）

《边缘性人格障碍的生物学注释》（*Notes on the Biology of Borderline Personality Disorder*，1997），西尔克（K. R. Silk）著，刊于《加利福尼亚精神病学联盟杂志》（*California Alliance for the Mentally III Journal*，8:15~17

《边缘性人格患者的命运》（*The Fate of Borderline Patients*，1990），斯通（M. H. Stone）著，纽约：吉尔福德出版社（Guilford Press）

《蚀：边缘性人格障碍背后》(Eclipses: Behind the Borderline Personality Disorder, 1998)，桑顿（M. F. Thornton）著，美国亚拉巴马州麦迪逊：蒙特萨诺出版社（Monte Sano Publishing）

《尘归尘，家成土：虐童诬告幸存者之路》(Ashes to Ashes... Families to Dust: False Accusation of Child Abuse: A Roadmap for Survivors, 1996)，唐（D. Tong）著，美国佛罗里达州坦帕：法姆瑞茨出版社（FamRights Press）

《精神分析学概念在诊断边缘性人格障碍中的作用》(The Role of Psychodynamic Concepts in the Diagnosis of Borderline Personality Disorder, 1993)，沃尔丁格（R. J. Waldinger）著，刊于《哈佛精神病学评论》(Harvard Review of Psychiatry)，1:158~167